友ヶ島
吉野川
山脈
奈良県
高野山
丹生川
1719
山上ヶ岳
1344
和佐又山
紀ノ川
和歌山市
和歌山県
大峰山脈
上北山村
美里
新子
1800
釈迦ヶ岳
878
生石ヶ峰
有田川
有田
1344
伯母子山
金屋
1372
護摩壇山
湯浅
1263
城ヶ森山
下北山村
有田川
957
白馬山脈
十津川村
広川
白馬山
1352
笠捨山
津木
大熊
由良
鹿ヶ瀬峠
椿山ダム
船津
龍神温泉
北山村
日高川
北山川
1076
果無山脈
玉置山
御坊
莚畑峠
切目辻
上洞
三里ガ峰
1262
美浜町
1049
日御碕
日高川
790
虎ヶ峰
笠塔山
兵生
中辺路ルート
熊
高野
高城
清川
本宮
滝
南部川
水上
小広峠
907
子ノ泊山
近露
四村川
湯峰温泉
栗栖川
みなべ町
秋津川
奇絶峡
鍛冶屋川
黒蔵谷
大塔川
熊野川
赤木川
南部
ひき岩群
田辺市
平瀬
安川
鹿島
会津川
富里
大杉谷
元島
田辺
1120
1122
774
法師山
大倉畑山
新宮
富田川
鮎川
神島
合川ダム
大塔山
909
新宮市
前ノ川
那智山
天神崎
上富田町
平井川
大河
白浜
748
将軍山
古座川
宇久井
日置川
白浜町
那智勝浦町
富田川
小川
勝浦
宮城谷
将軍川
七川
添野川
太地町
市江
佐本川
日置
古座川町
周参見
古座川
一枚岩
日置川
稲積島
すさみ町
田原
古座
古座川
串本町
串本
九龍島
江須崎
302
重畳山
紀伊大島
潮岬
京都
大阪
和歌山県

明日なき森

カメムシ先生が熊野で語る

熊野の森ネットワークいちいがしの会❖編
吉田元重・玉井済夫❖監修

白見谷（撮影＝楠本弘児）

熊野の森の表情

❶岩峰の自然林
❷那智ノ滝源流
❸九木崎のスダジイの巨木

❹ 大塔山遠望
❺ 那智原生林
❻ 大杉大小屋国有林の渓畔林
❼ 那智原生林のイスノキ
❽ 那智原生林の倒木

熊野
森と人の
営み

❾ ウバメガシ林
❿ 炭に焼く前にコミをいれ真直ぐにする
⓫ 国内最低地に自生するシャクナゲ
⓬ 備長炭の窯出し

ビオトープと生物

⓭ ビオトープで観察する子どもたち
⓮ クロゲンゴロウ
⓯ ゲンゴロウ
⓰ オオコオイムシ
⓱ タガメ
⓲ ビオトープで観察する後藤伸

昆虫と植物

⑲アカスジキンカメムシ
⑳ナンキウラナミアカシジミ
㉑捕虫網を手に山を歩く後藤伸
㉒ツヤカスミカメダマシ
㉓オオキンカメムシ
㉔タイキンギク

後藤スナップ集

㉕栗栖太一について語る後藤伸
㉖チョウの標本を整理
㉗夜間灯火採集
㉘水上学術参考森で子どもたちに説明
㉙在りし日の後藤伸、みち子夫妻

㉖

㉕

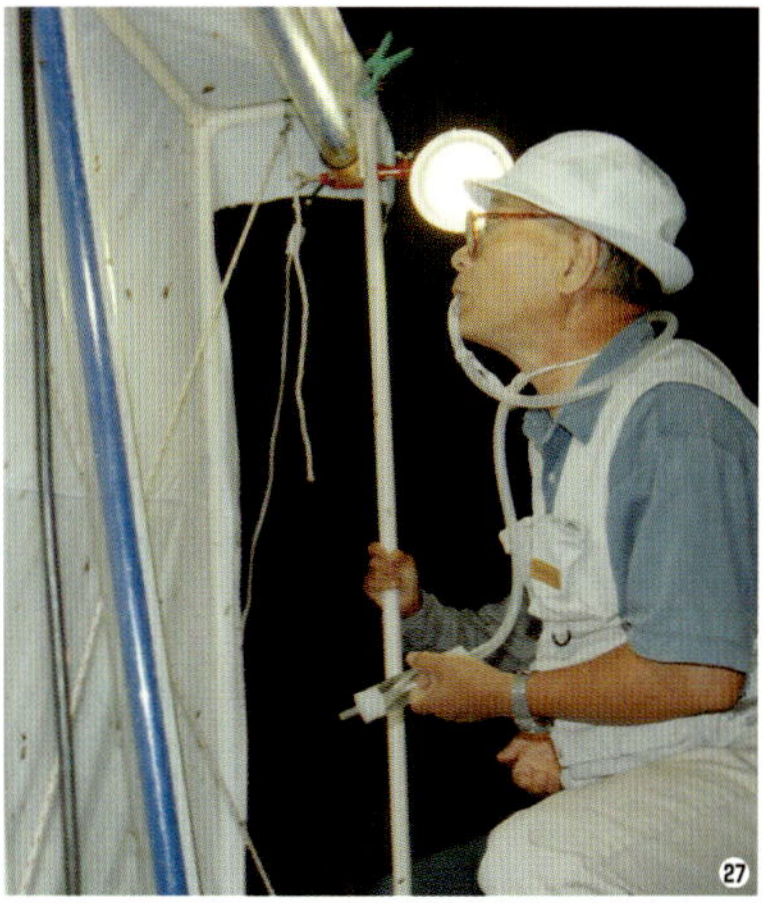

㉗

㉘

㉙

「いちいがしの会」
と
イチイガシ

㉚㉛和深川王子神社のイチイガシ
㉜「いちいがしの会」初活動
㉝「いちいがしの会」照葉樹の苗取り
㉞腐葉土の感触をたしかめる

㉚

㉛

とり戻そう
豊かな熊野の森を
いちいがしの会
㉜

㉝

㉞

❶〜❸❺〜⓫……撮影＝楠本弘児
❹……撮影＝水野泰邦
㉒……撮影＝安永智秀

まえがき

一九二九年、和歌山県日高郡の由良で生まれた後藤伸《ごとうしん》（以下、敬称略）は、子どものときから昆虫採集に夢中であった。旧制耐久中学校から和歌山大学へ進んで生物学を学んだが、そのとき、同じように昆虫採集に没頭していた二人の仲間に出会う。以来、生涯にわたって親しく交流を重ねた吉田元重（和歌山県立自然博物館協議会会長）と乾風登《あなぜ》（前・南紀生物同好会会長）である。三人はともに県内の中学校や高等学校で理科（生物）の教員を務め、休日を利用してはフィールドワークに出かけ、互いに刺激しあいながら、昆虫にとどまらず植物や動物をも含めて、県内の自然調査と研究を続けた。

教員時代の後藤は生物部の指導に打ち込んだ。研究テーマは「森林」で、紀南に残る自然林をフィールドにしながら、森林の構造や遷移を高校生に考えさせた。これは非常に難しい課題で、高度な指導力を要するものである。樹木は三年や五年では大した変化はないが、それを生徒に調べさせ、その森が将来どうなってゆくかを考えさせたのである。

たとえば、国の天然記念物である江須崎（すさみ町）の森での(1)ことだが、周遊道路建設のためにその一部が伐られ、その後、森が傷み始めた。これを研究テーマとして何年も観察が続けられた。「何故枯れるんや、将来どうなっていくんや」と。もちろん、後藤が予想したとおり江須崎の森はガタガタになっていった。

要するに、森林をとらえるときには、ひとつひとつの木が、その森を構成するほかの木にとってなくてはならない関係にあるということを生徒たちに気づかせたかったのである。このとき後藤は、結論らしいことは一切言わず、生徒自身に考えさせながら一歩一歩研究を進めていった。こうした研究の成果は、何度も日本学生科学賞(2)を受賞するなど大きな評価を得ている。こうして育った教え子のなかには、生物学の研究者や教職に就いた者も多い。

学校教育のなかだけではない。地域で行われる自然観察会などでは、子どもたちをはじめとして参加した多くの市民に自然の仕組みや生物の営み、そして生命の不思議さなどを話し、自然に触れることの楽しさとその大切さを説いた。

後藤は「カメムシ」をメインテーマにしていたが、その研究内容は広く自然界全般にわたっている。とくに昆虫については、カメムシはもとより、後藤が発見して「ゴトウイ」という学名が付けられたチョウなどの新種発見がいくつもあり、後藤が残した二〇〇近い標本箱の中には、今もなお名前の付いていないものがたくさんある。

そして、従来の生物学的通念に頼らず、フィールドワークを通じて紀伊半島の生物相の研究・解明に努め、同時に、その自然の保護（後藤自身は「自然保護」という人間優位の観念を嫌った）にも精力的に取り組んだ。

若いころは、和歌山県北部にある生石山《おいしやま》、高野山、それに護摩壇山《ごまだんさん》などによく登って昆虫採集にいそしんだ。その後、当時はまだ原生林に近い自然林がかなり残されていた紀南の魅力にひかれ、大塔山《おおとうさん》（一一二二一メートル）を主峰とする大塔山系の生物相の研究を主なテーマとした。そのために田辺市に住み、休みの日には決まって大塔山周辺の山々に通い続けたのである。

しかも、この調査・研究においては県内の若い研究者を集めて「和歌山県自然環境研究会」を組織し、「山で寝よう、山で話そう」と言いながら植生調査に取り組み、また各種の動物をも課題にして自らその先頭に立って文字どおり生涯を懸けて打ち込んだのである。

その調査活動中も、大塔山周辺に残されていた自然林は、その保存を訴え続けたにもかかわらず次々に伐採されて少なくなる一方であった。そうした自然林の伐採、河川改修、ダム建設などの自然破壊に対しては、相手が行政であっても他の機関であっても、自ら「虫の代弁者」として歯に衣着せぬ厳しい物言いを続けた。

その一方で、人との交わりにはまことに楽しいものがあった。話題の中心は生物のことでありながらも、誰にでも分かる言葉で嬉しそうに楽しく話すので、厳しい内容であっても人々はその世界に引き込まれていった。

野鳥の研究家で後藤の親友である前田亥津二（故人）が、「後藤伸という人は、僕を山に連れ込んだ人

（1）一九五七年、すさみ町が周遊道路を開設した。後藤が指導した田辺高校生物クラブの森林荒廃の研究などがマスコミに着目されたこともあり、周遊道路への車の乗り入れは早々に禁止された。しかし、森林の乾燥化による荒廃は進行し、一九七七年には中央部の巨木にまで枯れが広がった。現在でも荒廃は進行しているが、新たに芽生えた植生が再度森林への植生遷移を行っている途上でもある。壊れながら再生しているということである。

（2）主催：全日本科学教育振興委員会、読売新聞社、独立行政法人科学技術振興機構。後援：内閣府、文部科学省、環境省、特許庁。

や」としみじみ語ったことがある。前田は、紀北の自宅から紀南の田辺まで車で二時間と、さらに田辺から山までの一時間半もの長距離も厭わず何度も紀南に来て、後藤とともに山に入った。

「山に連れ込んだ」というのは、後藤と山に行きはじめた、という意味ではない。後藤はたえず冗談を言いながら、そこに現れる昆虫や植物について互いに話を交わし、そのなかに複雑な自然の成り立ちやその仕組みの話がいつも入ってくるのである。それだけ深い自然観に浸ることができ、前田は後藤とともに過ごす世界が何よりも楽しみであった、という意味である。

そんな後藤を慕って、来訪者のない日は後藤家にはほとんどなかった。後藤とみち子夫人の醸し出す温かい家庭の雰囲気に魅かれて遠くから泊まりがけで訪れる人も多く、夫妻は「うちには〝他人の親戚〟が大勢いる」と言ってみんなを喜んで迎え入れていた。

「自然から学ぶ」ということは昔からよく言われてきたことだが、後藤の人生はまさにその言葉どおりであった。紀南の植生を調べて「教科書にある垂直分布というのはおかしい」と言い、「紀伊半島ではカモシカは低いところにいる。あれは高山獣やない。図鑑が間違うてる」「シャクナゲは高山植物やない。海抜一〇〇メートル以下の谷間にも生えとる」「紀南の森（照葉樹林）には、寒冷地の虫も、亜熱帯の虫もいる」等々、これまでの常識を次々に覆しながら紀伊半島の生物相の謎を解き明かそうとし、この地特有の、そうした常識外のものや現象を「紀伊半島してる」という言葉で表現していた。

森の中で虫たちがどんなふうに暮らしているか、それはなぜか、どうしてか、虫たちは我々に何を教えているのか、これらを後藤は『虫たちの熊野』（紀伊民報、二〇〇〇年）を著して明示した。そして、壊れる以前の自然を知るために、古老の話によく耳を傾けた。その一人が栗栖太一であり、その内容は本書で詳しく紹介している。

後藤は、自然の真っただ中に自分を投げ込んで観察し、その仕組みを考察したうえで独自の自然観を構築して、そこから社会や行政、そして未来を担う子どもたちへの教育などを考え、自然界から地球全体を、人間の社会のあり方を思考し続けたのである。

しかし、そうした後藤の発言はしばしば常識外れと受け止められたり、途方もない妄言のように評されたりもした。ひところは「危険人物」とまで言われた。「自然保護」という言葉は今でこそ世界共通の課題であるが、若い時代の後藤は周りの人々から奇異の目で見られたのである。それが今の時代になって、後藤の言ったことが「そうだったなぁ」ということになってきた。私は、世の中がやっと後藤の考えに近づいてきたと思っている。

一九八八年、五九歳で教職を退いたのち、ライフワークのカメムシの研究を続けながら生物調査、論文、地域の自然史の執筆、講演、各種の委員会など務め、まことに多忙な日々を過ごしていた。そうしたなかで、自然林の回復運動、ことに熊野の照葉樹林再生に力を注いだ。一九九七年、「熊野の森ネットワークいちいがしの会」を自ら組織し、会長として多くの会員（約三〇〇名）の指導にあたり、自然観察会・学習講座・巻き枯らし・植樹などの活動を会員とともに楽しみながら全力を挙げて取り組んでいった（彼は、いつでも「楽しむ」ことを忘れなかった）。

晩年は、各地での講演活動に多くの時間を割いた。森の激減が私たちに何をもたらすのか、生命の危機、環境悪化による地球そのものの危機……。後藤は、寸暇を惜しんで命がけで語った。亡くなる三か月前、病をおして日置川町で語った最後の講演では鬼気迫るものさえ感じられた。

本書は、一九九八年から二〇〇二年までの五年間、採録されたものだけでも三三回に及んだ講演のなかから数編を選び、とくに後藤のメッセージに焦点をあてて編集したものである。講演内容にはほとんど手を加えず、あえて方言を活かすように努めた。

語り手の人柄などを想像しながら、後藤の真意と、後藤が語り伝えようとしたことを、じっくりと汲み取っていただければ幸いである。

熊野の森ネットワークいちいがしの会副会長　玉井　済夫

もくじ

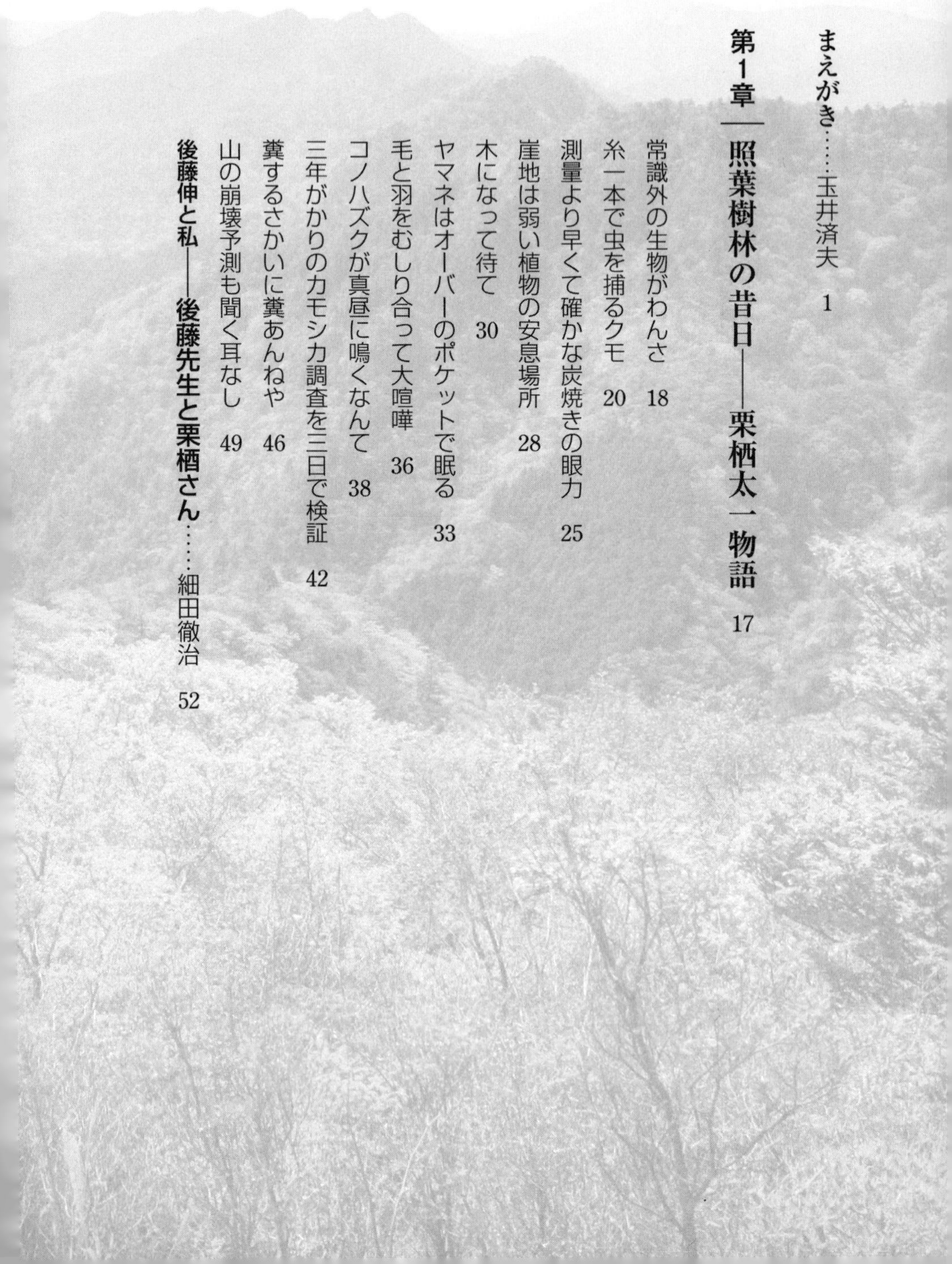

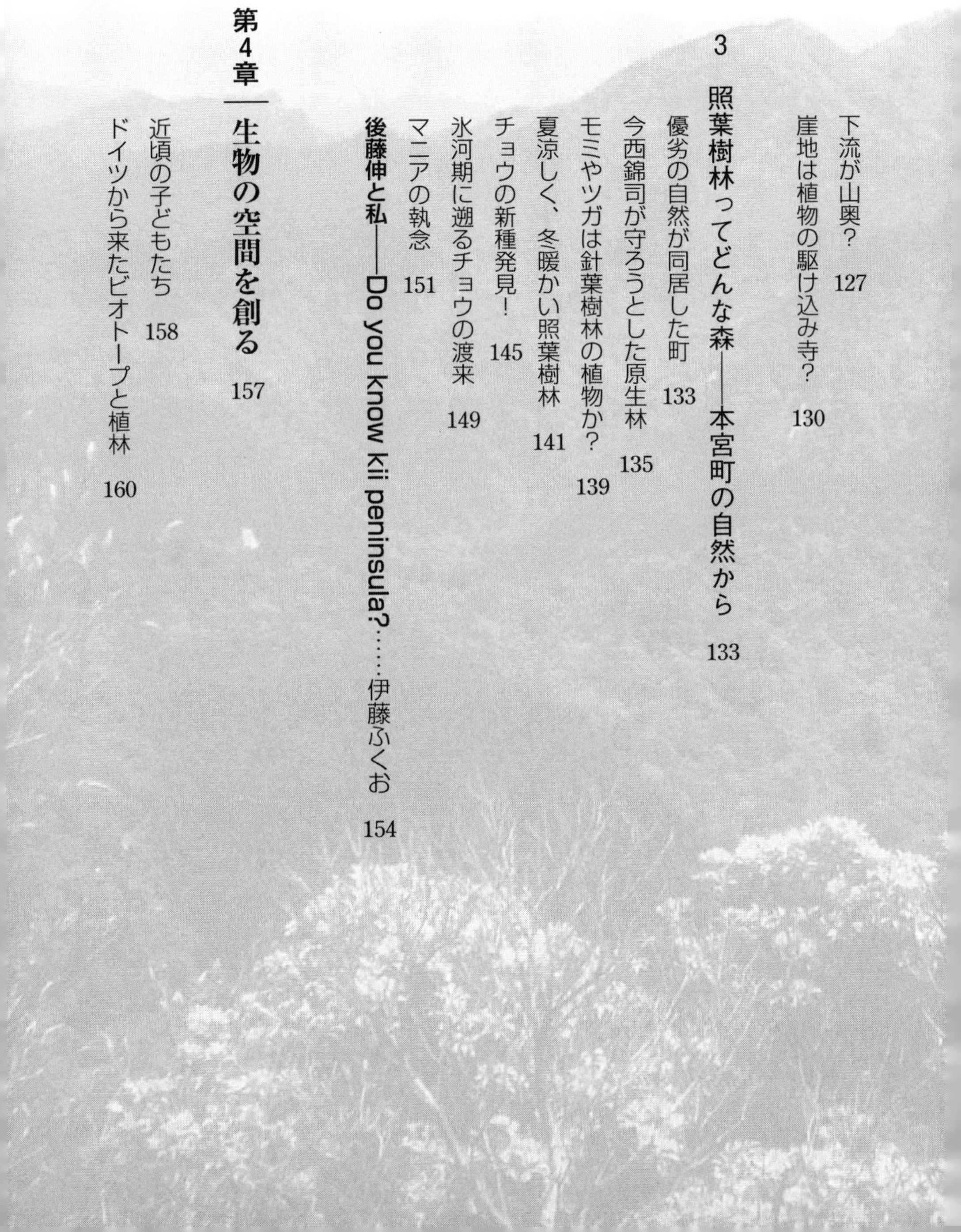

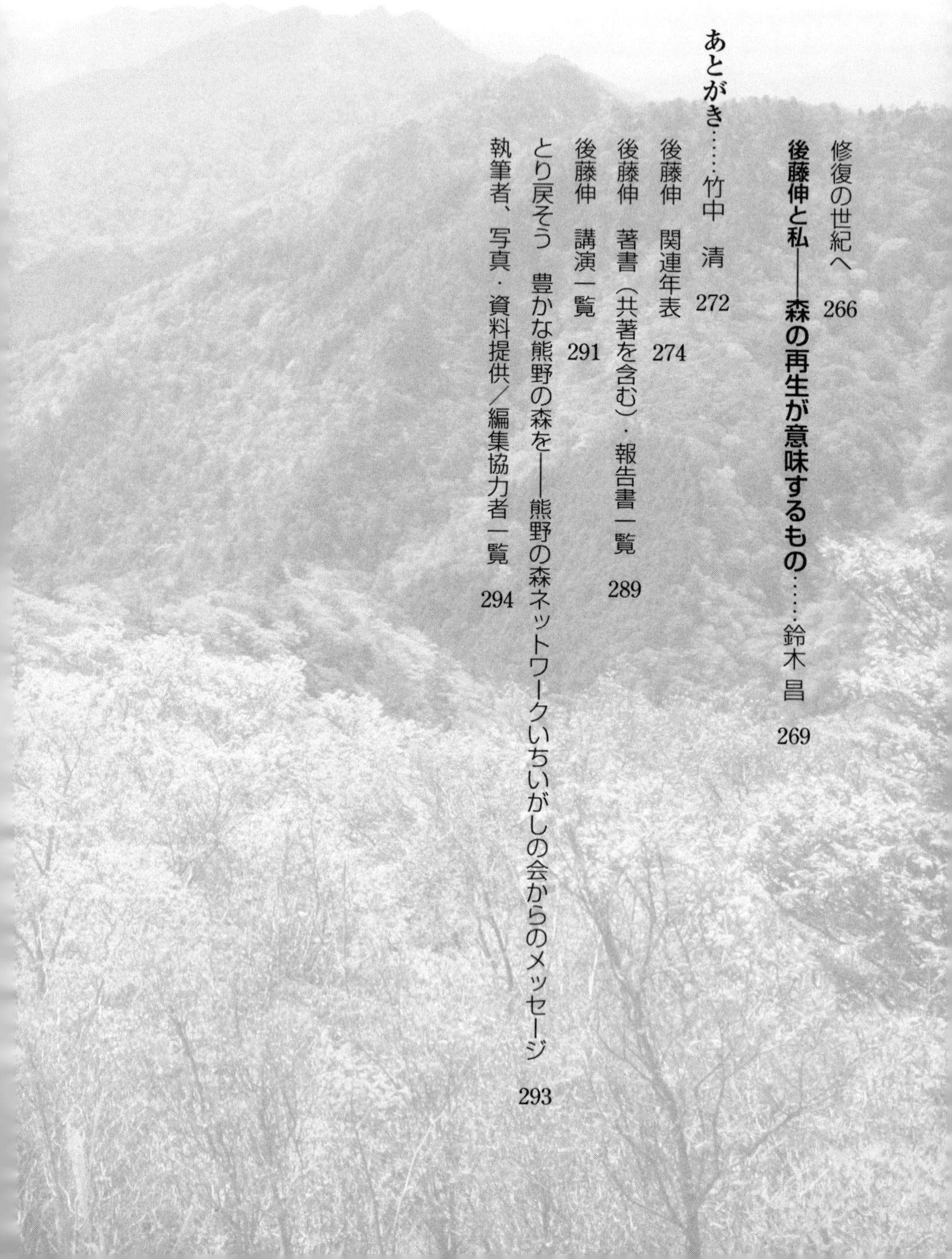

明日なき森——カメムシ先生が熊野で語る

第1章　照葉樹林の昔日
——栗栖太一物語

［1998年10月24日　いちいがしの会講座（田辺市）
1999年８月５日　「紀伊半島の自然から」近畿ダム協議会（和歌山市）］

法師山からの大塔山遠望（撮影・水野泰邦）

大塔山系

紀伊半島の南部に位置する山系で、主峰の大塔山、法師山を中心に1000ｍ前後の山々が重畳する。年間4000㎜に達する雨量があり、尾根から発する谷は無数。1950年代までは、カシ、シイ類を中心にした照葉樹林がほぼ原生状態で広く山系に残っていた。また、人々が畏れさえ抱いていたというその深い森は多種多様な動植物の宝庫で、学術的にも貴重な生物が棲んでいた。しかし、戦後の拡大造林政策でその森林はほとんど姿を消し、現在では山系各地の川の流域に照葉樹林がパッチ状に残っているにすぎない。

常識外の生物がわんさ

きょうは、僕がこの田辺市に来て、大塔《おおとう》の山の生物を調べ始めるそもそものきっかけについてお話をしたいと思います。

僕らの大学でこういう生物の研究を始めた時代というのは、ちょうど戦後の食糧事情がようやくよくなりかけてきたころでしたが、だからというて、あんまり自由に大学を選べるような時代じゃなかったです。たまたま和歌山大学（教育学部）に入ったら、同期の学生のなかに、大塔村の三川《みかわ》出身という女の人がおったんです。その人と話してたら、なんか話がまるきり合わんのですよ。「うちの庭を、じきに（頻繁に）カモシカが走っている」とか言うんですよね。三川はバスもないし車もめったに通らんので、その人は時折通るトラックに乗んねんけども、そのトラックへ乗ったときに、春ですな、「きょうは、ものすごう美しいシャクナゲの花が咲いてあった」とも言うんですよ。

ホンシャクナゲ

今はけっこうみなさん知っているけども、僕らのその時分には、シャクナゲなんていうのは大体一〇〇〇メートルを超すような高い山の植物で、そこの動物の代表がカモシカやというくらいの知識しかなかったんです。

僕が「何もかも無茶言う」と言うたら、怒って「見においで！」って言われた。あの合川《ごうがわ》ダム（1）がなかったころです。あのダムの下はものすごい絶壁の渓谷で、もちろん炭を運ぶトラックに乗せてもろて行ったのですが、それが一九五一年です。まあ、古い話やけども、そのときが大塔に足を踏み入れた最初でした。で、行ってみたらウソやなかったんです。

それ以来、僕は大塔山の虜《とりこ》になってしもうて、「何がなんでも大塔や！」と、教師し始めてからも毎年この大塔の山へ通いました。古座川《こざがわ》から入ったり、熊野川のほうから入ったり、中辺路《なかへち》の、今の国道371号のあちら側から山伝いに入ろうとしたりしたんです。

いろいろして、行けば行くほどこの大塔の生きものというのは面白いんですよ。「何が出てくるか、分からん」ということが面白いんです。なにしろ、当時は本も少なかったからよけいです。長野県あたりで採れたことのある植物とか虫とか、温暖な紀州に棲んでるはずのない、絶対に見ることができんと思ってたものがちゃんと大塔におるんですよ。

まあ、当時は僕も若かったんで……五〇年前やったからもっと髪の毛もあったし、元気だったんですよ。で、張り切っとって、京都とか東京で昆虫学会があるときに、そんな虫とかを持って喋りに行ったり見せに行ったりしたんです。ところが、そのために僕はまるっきり信用をなくしましてね。「こんな、あるはずのないもん持ってきて自慢する」と言われて、ものすごく信用をなくしたんです。ほんとにシャクやった。

（1）正式名称は「殿山ダム」だが、日置川・将軍川・前ノ川の三つの川が出合うことから、地元では「合川ダム」と呼んでいる。三川の地名の由来もこれに同じ。一九五七年に完成。

たとえば、図鑑では海抜二〇〇〇メートル近い山にしかいない高山性の動物というのが、三川あたりに行くと、なんのことない、一〇〇メートルとか二〇〇メートルとかといういちばん下流の今はダムの底になっているところにおったんです。僕は嘘言うてるわけやないのにみんなにバカにされたんやから、「これはぜったい徹底抗戦するんや！」と張り切ったんです。それで、結局田辺に来たんです。

糸一本で虫を捕るクモ

大学を出て、教師し始めて一〇年くらい経ってからのことでした。それまで小さい学校とか中学校なんかにおった若い教師が突然田辺高校みたいな大きなところへ来たもんやから胃が痛うなって……僕も気の弱いところあんね。ほんとに、夜中に胃炎みたいに痛くなるんですよ。痛うてたまらんさかいに、晩に眠れんので学校を休んだりしたんです。そしたら、「そんなもん、山へ行ったらいっぺんに治る」と言う人がおったんで、それもそやなと思って土日に泊まりがけで行ってみたんです。

行ったのは富里《とみさと》でした。ちょうど借りていたアパートに柿平さんという人がおって、「わし富里や」って言うんです。

「そこ、いちばん行きたいとこや！」

「おお、来いよ。ほいたら、お父《とう》おるから泊めたるわ」

で、泊めてもろたんです。

富里の、人家にほん近いところの下川上の「野山谷《のやまだに》」、それから「ミノ谷」てな谷がありますね。そういうところへ行って昆虫を採ったんです。そこで採ったら、三川《みかわ》以上にすごいのがいっぱい採れるんですね。「こんな面白いところはない」と言うて喜んでいたら、そこの下川上に「栗栖の太一ちゃん」というお爺さんがおって、そのお爺さんがなんかものすごう知っとるというんですよ……なんでも知っている、と。

この間まで大塔村の村会議員やってた人がおんねんけど、そこへも泊めてもろたんです。そしたら、その人がまたよう知っているんですよ。僕と年が変わらんのにえらいよう知ってるなぁと思ったら、「わしは、みんな太一の爺やんに教えてもろたんや」と言うんです。みんな出どこは同じで、誰に聞いたって、じきにそこへ行くんです。なんとすごい人がおるんやなぁとちょっと気にしていたら、「栗栖の太一ちゃんが先生に会いたがってるで」という話が伝わってきたんです。

「いっぺん会うて、いろいろ話したい」と言うてくれてるというので、そりゃあこんな機会はないなあと思って行こうとしたんですよ。そしたら、「うちにおらんで」と言われてね。「どこへ行くんな?」と聞いたら、「会おうと思たら、小鮫谷《こさめ》の奥に細尾《ほそお》の滝があるさかいに、あのへんで、今、窯造っとるからそこへ行きゃええわ」と言われたんです。

今は簡単に行けますよ、林道もあるし。その林道のなかったころのことです。そこへ行こうと思ったら、こっちも覚悟して行かんならん。それを「覚悟して行け」と言うんです。「行ったら行っただけのことはある。いろいろ教えてくれるよ」と言うので、苦しみもて（苦心惨憺《くしんさんたん》して）行ったんです。

その当時の富里の山というのはかなり深い山だったんです。今でも富里の県有林にはけっこういい自然林が残っていますけどね、あれは伐《き》って伐って伐りまくったあと、ちょっとだけもとに戻りかけてきたという姿で、昔の森とはまるきり違うんです。でも、今見てもいいと思うんやから、あの当時は凄かったんです。山を越えて谷を下ってね。あのへんは山が険しいから、下りて上がるまでに時間がかかるんですよ。何回も登ったり下りたりしながら、だんだん、だんだんと富里の県有林の横谷(2)のほうへ入っていくんです。

そしたら窯があって、そこでおいやんが一人コソコソと炭焼き場で仕事をしてた。そのおいやんが「後藤先生か」と言うてくれた。向こうも心待ちにしてくれとったみたいです。なにしろ、向こうは仕事してんのやからあんまり時間はとれんのに、まあ僕の顔を見たら、「いっぺんわしは、先生に聞かんなんと思とったんや」と言われてね。

「なんなよ？」と言うたら「クモや」と言うんです。「クモはわし知らんで」と言うたら、「いや、あいは面白いんや。先生知っとるはずや」と言うんです。「どんなクモよ」と聞いたら、「糸を一本しか張らん」と言うんです。糸一本だけ張って、そして張った糸を自分でずーっと引っ張って、腹を

大塔山の自然林（二次林）

上にして糸のいちばん端っこへ自分の体をもっていって、しっかり糸を絞って待っている。

「ほたら、その糸へちゃーんと虫がかかるんや。いっぱい網張ったらな、網のあんのを虫は分かるさか、かからんけども、一本やったら網があるかないか分からんからほんまにかかるんや。わし、何回もかかるん見たんや。で、かかったらパッと放すんや。ピンと張ってる糸をパッと放したら、ちょうど縄を振ったみたいになってパッと虫に巻き付くんや。で、ゆっくり出かけていって食うんや。ええ～っと、こんな格好のクモや」

「ああ、そいはマネキグモや」

僕は、そのクモの名前をたまたま知っとったんです。あまりに面白い格好で、前足が非常に太くって、前足だけがよく動くから招いてるように見える。だから「マネキグモ」という名前が付いたんです。ただしね、名前が付いてるだけで、当時、そのクモがどんなにして虫を捕るのか、学会でも分かっていなかった。

その後、うちの子どもが（3）大きくなってクモのことを調べるように

栗栖太一

マネキグモ

（2）山脈の走向に対して直角で、山脈を横断するように走る谷のこと。横谷に対して、山脈の走向と一致して発達した谷を縦谷という。

なったころに、初めてマネキグモの餌の捕り方がクモの学会で報告されたんです。だから、発表される一〇年くらい前から太一ちゃんは知っていたことになるんですよ。そういうのが最初の出会いです。

太一ちゃんはその窯場で、直径一メートルぐらいのこんな大きな木を切って炭を焼いとるんです。一本の木で炭三〇俵かなぁとか、四〇俵はいけるかなぁというカシの大木です。

「こがな大木が、伐れるんかよ」と言ったら、「ん〜、こいは簡単に伐れるんや」と言う。どんな意味か分かりますか？

あれね、ノコギリで一部分を切ってね、それからこっちを削って受け口をつくるんですよ。こんな太い木があったら、まずノコギリでこういうように切るんです。それから、こちら向けにヨキ[4]でここをこう切っとくんです。倒す方向を先に切っといて、今度は反対側をノコギリで切るんです。そうすると、思う方向にちゃんと倒れる。で、木が大きくなってきたらどうもならんから、ノコギリもあかんです。そのときはこれへ追い口をちょっと切って、ある程度こう凹んできて追い口へ倒れてきたらノコギリを噛んで使えなくなる。そういうことのないように、追い口へクサビを打ち込むんです。それを叩き込みながら受け口向けに押していく。ノコギリで切りながら噛まんように押し込んでいく。それで切ってしまったらちゃんと倒れます。「思うように伐れるようになるまでに、かなり年数かかる」と言うてました。

ヨキ（撮影協力・紀州備長炭発見館）

太一ちゃんも、若いときは下手な伐り方をして自分の前へ倒したりしたみたいです。これを伐ったあと

は枝を取ったりといろいろせなあかんでしょ。幾日もかかるんです。だから、下手に倒したらいちいちこの木の上を越さなければならなくなるわけです。こんな太い木やからね、簡単に越えられないから木にハシゴ架けて越えんならん。「お父《とう》に『アホやぁ！』と怒鳴られたんや」というようなことを話してくれました。

測量より早くて確かな炭焼きの眼力

この栗栖太一ちゃんと知り合ったころは、紀伊半島の南の大塔山には原生林がたくさんあって、そうでないところも原生林に近い森林でした。そういうような森林が残っていたんです。僕は、そのころ昆虫を克明に調べようと思って土日は泊まり込んで山に通っておったのですが、昆虫を調べる前に植物を調べ、植物を調べる前には森林そのものを調べなあかんというように肩肘張ったことを考えて、かなり克明に調べてました。

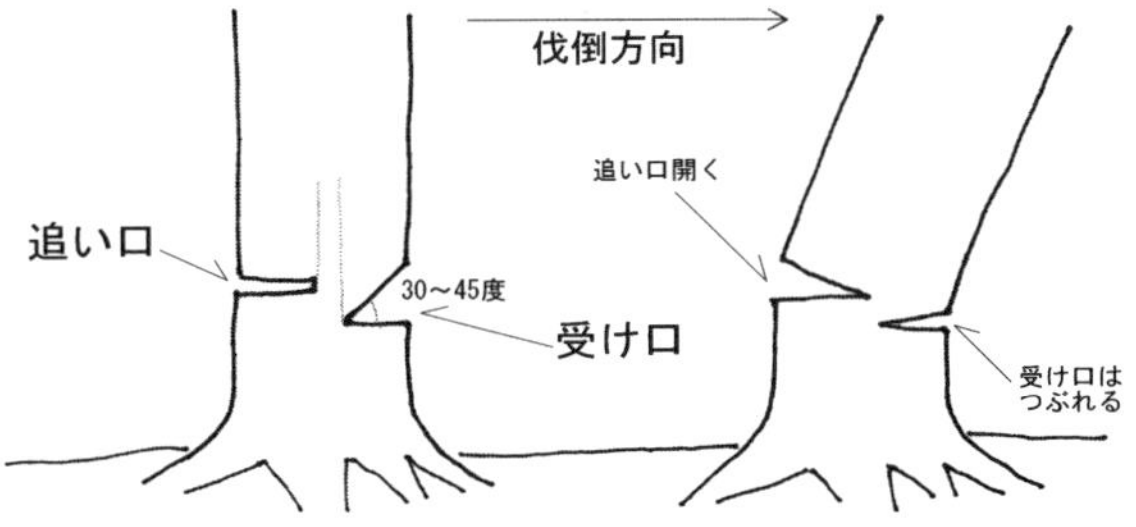

伐倒

（3）　後藤岳志（一九五九～　）高校の生物教諭。学生時代はクモを中心に研究し、高校時代に日本学生科学賞の文部大臣奨励賞を受賞。現在は、主にカビの研究を行っている。

（4）　斧《おの》は「ヨキ」とも呼ばれる。小さいヨキは「手ヨキ」と呼んだ。

それで、太一ちゃんが炭を焼いたり木の仕事している間、僕はそのはたで「植生調査」をしたんです。その山にどんな木やどんな植物があって、それぞれの木がどれくらいの枝の広がりをもっていて、下草とか森林の構造がどうなっているのかというようなことを調べるのが植生調査です。

山の中に二〇メートル四方くらいに巻き尺を張って、その中に何があるかをきっちり調べるんです。でも、それを一個だけやったって山全体は分からん。だから、こういうような大きな山があるときは、その山の中で二〇メートル四方の四角をいくつかとるわけです。こんなにして山全体から五つか六つの面をとって、この面だけをきちっと測って集計したらこの山全体の平均が出て、こんな木がどのくらいあるかも分かるんです。これ、野外の生物調査なんかをするときの基本的なやり方です。

これをやるのは大変なんですよ。山へ入るとヒルは付くしダニはおるし、気づいたら首の周りが真っ赤になってた。そういう苦労しながら一生懸命やっていたら、太一のおじやんが「おまえ、何してるんな?」と見に来てくれるんです。もの好きな人でね。炭焼き窯ほっぽり出して、じきに僕のとこへ来てちょ

1980年頃、安川源流域にて。向かって左から栗栖太一、後藤伸、鈴木昌

っかいを出してくる。僕のやってることを見て、非常に頼りなく思ったらしいんです。「何故、そうまでせんなんのな」って言うんで、僕が書いてできあがったやつを見せたら、「方法は面白いけど、そい間違ごうとる。もっとカシが多い」と言うんです。そして、「このカシなんな」と言うてね。僕の言うカシと太一ちゃんが言うカシとは違うんですよ。僕が「アカガシ」と言うのを向こうは「オオカシ」と言うし、「ウラジロガシ」のことを太一ちゃんは「シラカシ」と言うんです。そのへんは調整をせんなんけど、その時分には僕も富里でこの木をどんな名で呼ぶかということは大体知ってたから話はとりあえず合うんです。

そうやって一通り調べやったら、なんと「こい間違うとる」と言うんです。「この木もっと多い」「この木もっと少ない」と。「へえ〜」って言って、また調べて調整して「こいでどうな」と聞いたら、「おお、だいぶ合うてきた」と言うてもらいました。

なんか、太一ちゃんはものすごう自信の固まりでね、ちょっと間違ごうただけでも「この木、間違うとる」と言う。ほんで「おいやん調べたんか?」と聞いたら、「いや、あんまり入っていない。けど、見たら分かる」と言うんです。「外から見たら分かる」、と。「おまえ、中に入ったから分からんね」、おまけに「測ったらよけ分からんで」とも言うんです。

「なぜ、そがいに分かるんな?」と聞いたら、「向こうの山見て、何という木がどれくらい生えているか分からなんだら炭焼けるか!」と言うんです。

「わしは山見て、木の葉っぱ見て、繁り具合でなんの木がどれだけあるか見て、これで炭何俵ぐらい焼けるか考えて、それよりちょっとだけ少なめに言うて山主から山を買う。儲かりすぎんけど、ちょっと儲かって生活できるんや。それくらいのことできなんだら炭焼きできるか」

こんなに言われて、「ああ、なるほどなあ……まあ、やっぱり本職は本職や」と、そのときは僕もやっぱり山で長い経験のある人には勝てんもんやな、と思いました。それ以来、このおじやんに師事することにしたんです。

崖地は弱い植物の安息場所

太一ちゃんは、それ以外にもいっぱい植物を探してくるんですよ。「こんなシダ探してきた」と言うて。実は、めったにないこんな大きなタキミシダ[5]を見つけて喜んでいたら、「そい、タキミシダと言うんか？」と言うてきたんです。僕が知っていて太一ちゃんが知らんから悦に入ってたら、「そいはな、和田へ行ったらどこそこの谷の、あそこの岩に何本か生えとる」とか、「こっちの宇井郷《ういごう》にも何本かあったな」と言うんや。なんや知らんけど、あの人、自分で植えたみたいに言うんです（笑）。なんか、うっかり採ってきやれんようになってしもて、「ああ、あそこの株とってきたんか」とか言われそうでね（笑）。

それで、あまりにも植物のことをよう知っとるさかいに、秋、炭焼き窯で昼飯を食《く》いながら、「おいやん、何故そがいに知ってるんな」と聞いたら、「うん、わし好きやからな。ただね、お前らと違うんはね、わしここに住んでるさかいや」って言うんです。

「やっぱりね、町に住んでいてね、ヒヨコヒヨコと出かけてきてね、だいぶ熱心に歩くけども、そがな歩く程度じゃあな……やっぱり住まな分からん」と言われた。で、「ほな、僕も住もうやないか」と思って、週末の土日はだいぶ炭焼小屋に泊めてもらいました。

それで僕が行くたびに、考えられんような珍しい植物を「ほい、こいどうな」と見せてくれるんです。その植物が、なんとまだ本州では記録にない珍しい植物だったり、あるいは長野県あたりの山岳地帯に生えているような植物を、「おい、そこに生えとったぞ。下の谷で拾うてきたぞ」と言って見せてくれるんですよ。近畿の南の大塔山に、八ヶ岳あたりの上にしか生えないとされている植物が生えてるんです。「いったい、どうやって見つけてくるんな?」と聞いたら、「コツがある。こんなもん、どこ探してもあるもんと違う。生えたあるところに生えたある」(笑)。そりゃその通りで、「生えたあるとこ、どこな?」と聞いたら、「お前が通って来たとこや」と。

日置《ひき》川の下流は当然日置ですけれど、中流に峡谷があって非常に深い谷がある。その峡谷の岩の隙間を探したら、そういう植物がある。

教えてもらった場所に行くと、ちゃんとあるんですな。たとえば、そのときびっくりしたのがヒメイワカガミです。山に登る人だったらご存じと思いますが、これは明らかに高山植物と言われているものです。中央アルプスの、二六〇〇メートルぐらいの岩山にたくさんある。そのヒ

タキミシダ（国・県の絶滅危惧ⅠA類）

(5)　タキミシダの葉の長さは通常八センチ以下であるが、稀に長さ二〇センチ、幅六センチに達するものがある。本文では、その稀な大きい個体を見つけたという意味。

メイワカガミが大塔にたくさんある……それも全部崖にある。そのつもりで調べてみたらたくさんあって、すごい話だと思って僕もだんだんと太一ちゃんの教えを非常に大切にしながら大塔の植物を調べました。

　結局ね、おじやんの言うところの崖地にそういう珍しい植物がある。そこは人が採らんからや。たしかに、人が行けませんわね。もうひとつ大事なのは、そこにほかの植物が生えんからや。ほかの植物が生えたら競争して負けるような珍しい植物が、そんな崖地にあるんです。そうこうしているうちに、こんなん言いだした。

「崖は植物の逃げ込むところや」

　ここは、そういうほかの植物に負けるような植物が逃げる場所や、と。僕はそれで目の前が明るくなったような、植物というものの生活がかなりそこで分かったような気になったんです。

ヒメイワカガミ（県の絶滅危惧Ⅱ類）

木になって待て

植物のことをある程度調べたら、本職が虫屋の僕はやっぱり丹念に虫を採るわけです。そしたら、おじやんはまた虫のことを知ってるんですね。なにしろね、炭窯のはたに木を積むでしょ、その積んだ木にカミキリが卵を産みに来るわけです。それを喜んで採ってたら、「そがな採り方したらあかん」と言うんです。「先に行って、そこで木になって待ってやなあかん。虫が来てから出かけていったら、虫逃げるに決まってる。ほやから、ほんまにええの採りたけりゃそこで座って待ってろ。木になったら、向こうからやって来るさかな、ほたら拾たらええんや。採ろうてなこと思ったらあかんねぞ」と言うんです。

「おおお！　この人すごいなー」と思って、「いつごろ、どの虫来《く》ら？」と聞いたら、名前はあまり知らんのですよ。けども、どんなカミキリムシやとか、どんなタマムシとかいうのはみんな分かっとるんです。だから、たとえばみなさんがよく知っている美しいタマムシがありますな。それに茶色っぽいウバタマムシとかいう大きな普通のやつはみな話が通るんで、それよりもう一回り小そうて緑色のやつとか、背中に紋が六つあるやつとかいう話で教えてくれるんです。おかげさまで、大塔の虫はだいぶ教えてもらいました。とくに、甲虫類なんかは詳しかったです。

カメムシはね、あんまり分からないだろうなと思ってたら、「このカメムシ、卵産んで、産んだ卵は親が一生懸命守っている。そいはちょくちょくある」とか言って、その当時は分かってなかったツノカメムシという仲間を僕より先に太一ちゃんが知っとって、教えてもらったのがいくつかあります。

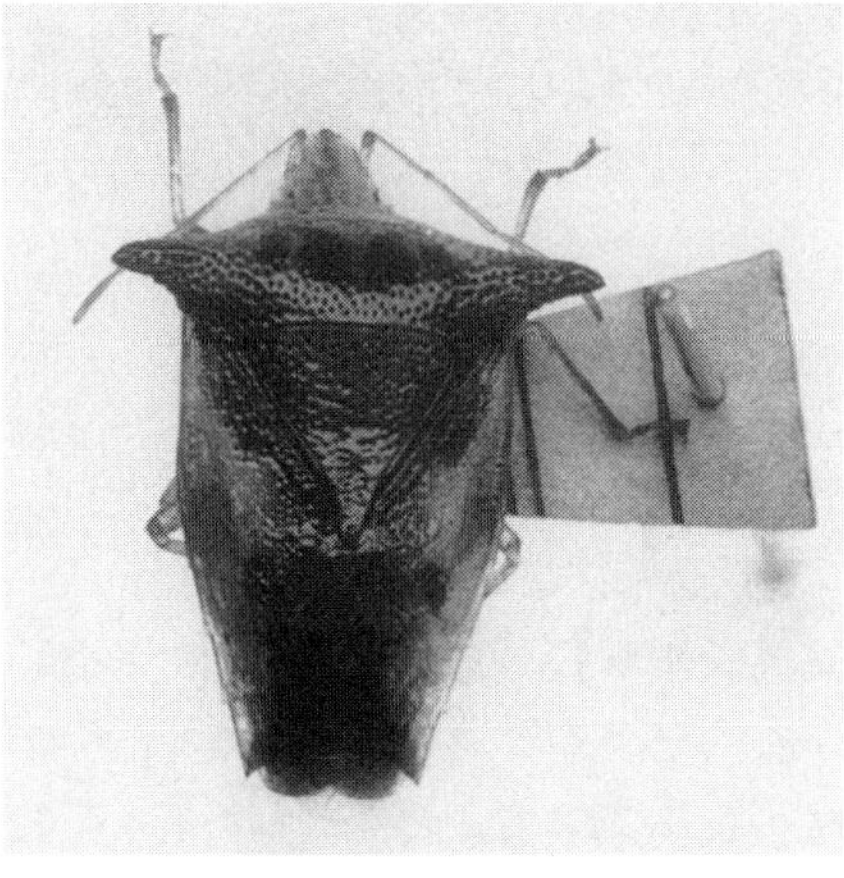

ツノカメムシ科のフタテンツノカメムシ

僕らは、どうしても、やっぱり学校出のいちばん悪い癖として先に文献を見るんですね。よその県で、よその土地で、誰かが研究したやつを、まず本で見るわけですね。そしたら、どうしたって先入観が入ってしまう。ところが、今でもそうですけど、昔からある日本の図鑑の大半は、長野県と北関東とか箱根、あるいは関西では大阪、奈良、京都の山地帯で観察した記録が中心になっているわけです。紀伊半島の北のほうは合うんやけど、南のほうのはまったく載ってないんです。

ここの山に入っていたら、常緑の、いわゆる照葉樹林の森林につく虫っていうのはまるっきり記録がないから、「このカメムシはカエデの実に集まる」と書いてあるとついカエデの実を気にしてしまうわけです。しかし、「いや、そいはシキミの実についとるで」てなこと言われて教えてもろたんです。

そうやって、カメムシでいまだに僕が悔しい思いをしているのが、トホシカメムシという、胸に点が一〇個並んだこんな大きなカメムシです。これは、六甲山あたりではかなり普通種です。僕はそのカメムシを、六甲山とか京都の貴船《きふね》まで採りに行ったことがあります。それを一匹だけ採って喜んで帰ってきたんですけど、そのあとで探してみたら護摩壇山《ごまだんさん》に何匹かおったんです。そこで捕れて、果無《はてなし》で採れて、「ああ、大塔におったらええのにな」と思って「こがなカメムシ見たことないか?」と聞いたら、「そりゃ、おるで」と言われてね。それも、こっちが苦労して探してるのに「おるで」て簡単に言うんや（笑）。

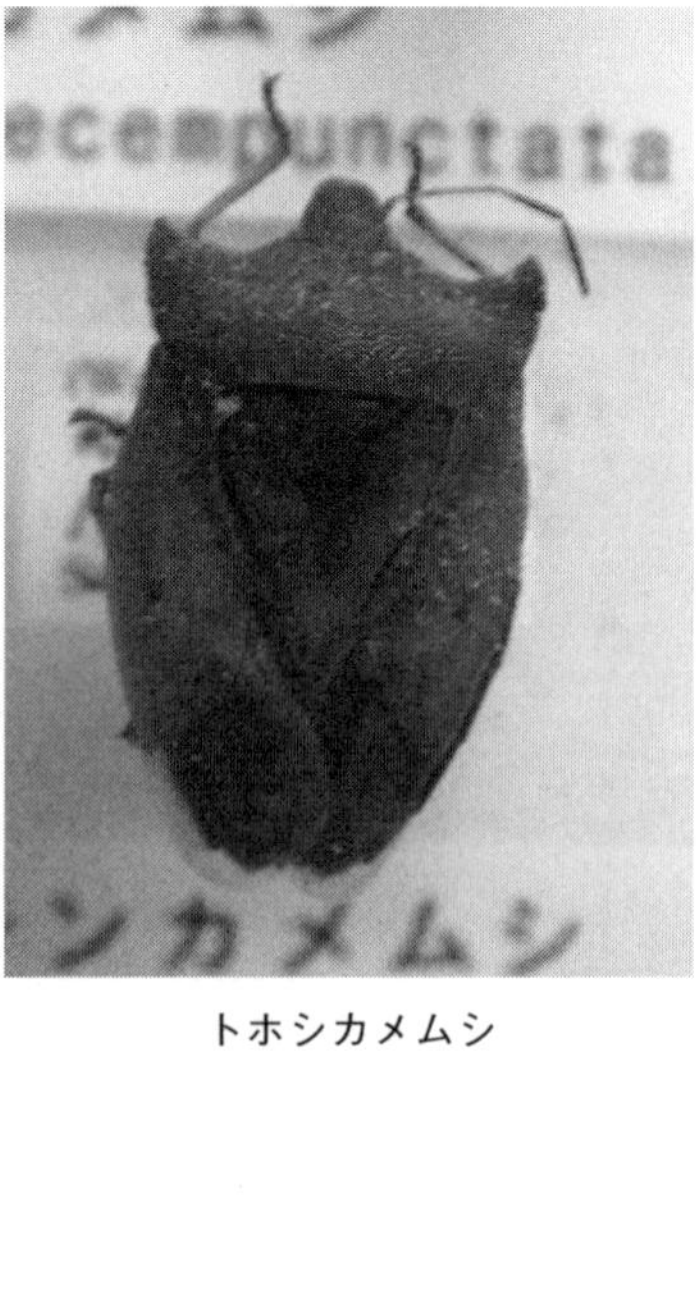

トホシカメムシ

「こがな肩の、ちょっと張ったやつやろ？　おるで、よう探さんか」と、言われてたんです。そりゃ嘘やと思ってたら、うちの息子が百間《ひゃっけん》渓谷で落ち葉の間からこのくらい細い、二センチくらい出たカメムシタケというキノコを見つけてきて、「おいおやじ、カメムシタケや」と言うさかいに見に行って掻き分けたら、落ち葉の下から出てきたのがトホシカメムシでした。

大塔でその一匹しか標本はないんですけども、なんとカメムシタケで採れたんです。けっこう少ないんだろうと思います。でも、太一ちゃんは簡単に「おう、おるで」と言うてたから、もとはかなりおったんかも分からんですね。

ヤマネはオーバーのポケットで眠る

こうやってね、植物には詳しいし、虫はよう知っとるし、魚にも詳しい。魚なんていうのは、知っているのは当たり前やと思いました。山で暮らしてね、ちっとは新しい魚を食べたかったらコサメ（アマゴ）を釣るんですね。ウナギも捕って食べるわけやから当たり前やと思たんですよ。

ところが、いろいろ話を聞いたら、谷に滝があって、上に魚がなかったら下のを持って上がるらしいですよ。ほいて、放すんです。そのうちに増えて、何年か経って炭を焼くときにはちゃんとまた食べられるとい

コサメ（アマゴ）

うんです。「そりゃ、当たり前やで」と言われたんで、今までほかの炭焼きさんなんかもみなそうやってたんですね。

魚で思い出した。富里の奥でね、昔はこれくらいの、一〇センチほどのハリウナギ、ウナギの子どもがウジャウジャと上がってきたと言うてました。渓流沿いの、岩肌の色が変わるほど上がってきたそうです。それをすくって、塩水で茹でてシラスをつくって、「ウナギのシラス、あい、ええダシ出るで」という話も聞きました。

そういや、コサメの大きいのを捕ったっていう話も聞きました。

「ふつう、コサメはそがいに大きならんけども、海に行って戻ってきたら、あい大きなるさかの」

サツキマス[6]のことですな。「ちょこちょこと富里の奥にも来たけども、いちばん大きいのは捕まえて、入れ物がなかったから炭俵へ入れたら尾だけ出た」と言っていましたからだいぶ大きいですな（笑）。もう近ごろでは炭俵がないんで大きさが分かりにくいけども、ススキの茎で編んだやつですからだいぶ長いですよ。そいで「尾だけ出た」と言うんやから、一メートルくらいの大きさになりますね。

そういうような話をいろいろ聞いて、何年間も通いながら教えてもろたんですけども、なにしろこの太一ちゃんの知識の一番は動物でした。

僕が大学を出た年やったと思うけど、東京で動物学会があって、なんか張り切って行ったんです。東大であったんですけども、なにしろ駆け出しの僕らにとって、有名な、本に出てくるような動物学者の名前

炭俵（撮影協力・紀州備長炭発見館）

を見るのは楽しいのやけども、いろいろ話してたら怖《こわ》なってくるし、なんせ、しんどいんやてよ。

ほんで、昼飯を食べる場所へ行ったんです。大体の人は学会の会議へ出かけていったあとで、空になっとった。でも、食べるもんがあったんですね。で、「おい、食べよ」と言うてくれる人がおって、なんかあくの強い顔した白髪の学者でして、「失礼します」と言うて傍《はた》に座ってかしこまって食べたんです。あとから聞いたら、下泉重吉(7)という昔の東京教育大(8)の有名な動物学者でした。

で、僕の言葉を聞いて「関西やな」て言われて。「ああ、和歌山です」と答えると、「和歌山か、そりゃええとこから来た」ちゅうていやに親切に話してくれたんですよ。なんか、そういうのを探していたみたいで、まあ「カモが来た」てなもんでしょうね（笑）。

結局、何かというたら「紀伊半島にヤマネおるから捕れ」と言うんです。「わしはヤマネの研究をずっとやってんね」という人で、そのときは知らなんだんですが、あとから聞いたら有名な人でした。

その下泉先生が、「紀伊半島にヤマネがいるはずや。それも、おそらくあそこだったら高い山よりも低いところのカシ林の中にいるかも分からんぞ。常緑の森林のカシ林なんか誰も調べてないから、きっとヤマネいるは

国の天然記念物ヤマネ（撮影・湊秋作）

（6）コサメは、通常一六センチ、大きい場合は三〇センチ。サツキマスは、通常二八センチ、大きい場合は五〇センチ。
（7）（一九〇二〜一九七五）生態学者。東京教育大学名誉教授。（財）科学教育研究会を設立し、自然保護教育の推進に尽力。
（8）東京都文京区大塚に本部のあった国立の大学。一八七二（明治五）年、師範学校として創立。以来、教育界や学術研究に優れた人材を輩出し続けたが、一九六〇（昭和三五）年に閉校した。

ずや」と言うて、「おまえ捕ってこい」と言うんですよ。でまあ「がんばります」て言うてんけども、僕は虫屋やから動物を捕まえるということをまるっきり知らんので、あちこち行って、結局、それから一〇年後に太一ちゃんに聞いたんです。その一〇年間、忘れなんだだけマシやと思ってください。

で、太一ちゃんに聞いたら、「しょっちゅう炭焼小屋へ来て遊んどる」と言うんですよ。「おるおる」ちゅうてな、「ここへオーバー掛けといたら、オーバーのポケットに入って寝とる」（笑）。「じきに丸くなっとる」と言うから間違いないですな。

「ほんまにあいつはな、あちこち元気に走り回って飛び回るからしゃあないんや」

でも、ヤマネは夏場はもちろん小屋から出てしもておらんから、結局「おるで」と言われたもんの実物は見せてもらえなかったんです。

その後、下泉先生は退官されたあとに都留文科大学という山梨県の大学で学長をしていました。そこで、何人かの学生がヤマネのことを習ろてこっちへ来たんですよ。そのなかの一人が本宮町で巣箱を設置したら、ちゃんと簡単に入ったらしいんです。で、結局いろいろ分かってきたことは、やはりシイとかカシの森林のなかにはヤマネがおったということです。

毛と羽をむしり合って大喧嘩

御坊商工[9]に細田先生[10]という太った先生がおりまして……（笑）。知っていますよね、あの太い細田先生が動物の話を聞きたいと言うて、大塔の山の中で太一ちゃんと一緒のテントに入って話を聞いたんです。僕らもいろいろ聞きましたが、その話は前にも聞いたことがあったんです。

ひとつは、クマタカの巣のことです。太一ちゃんはしょっちゅう見てるらしいんですが、クマタカのことを、自分で飼《こ》うたんかと思うほどよう知っとるんです。でも、クマタカというのは昔からそうめったに見られる動物じゃないし、おまけにあの巣っていうのはものすごい高い木のてっぺんにあるんで、見えるはずないのに何故知っとんのかなと思うて詳しく聞いてみたらね、「わしは見えるんや」と言うんです。

どうやって見えるかというたら、「崖の上に小屋を建ててあんね。崖の下から大きな木が生えていたら、目の前にタカが巣をつくる」と言うんです。

「見たかったら、そういうところに小屋建てて見てみい。なんせ、卵から孵ったクマタカの子どもちゅうのは、白いダルマさんみたいでな」というような話をするんですね。僕は写真でしか見てないけども、ほんとにその通りなんです。

ほんで、あるときに富里の奥で、ヒナを、白いダルマさんを見にかなり大きなサルが上がってきてちょっかいを出してるのを見たんですと。サルっていうのは、せんでもかまんことするんですな。上

クマタカ／国・県の絶滅危惧ＩＢ類（撮影・有本智）

（9）　二〇〇三年、紀央館高等学校に校名変更。
（10）　五二ページおよび巻末の執筆者一覧を参照。

がっていって何をするかって、食べようというわけやなく、ヒナのいる巣まで行って手でチョイチョイと叩いてみて、ワァってヒナが口を張るのを面白がるんや（笑）。一回でやめときゃいいのに、何回もやっているうちに親が帰ってきてとっかかってきたんですと。

クマタカの爪というのはこれくらい長いんですよ。カアッて、あいつにつかまれたら子イヌとかウサギなんかだったら神経麻痺するくらい猛烈なんです。そいつにサルはつつかれて、爪で殴られて、羽で叩かれて、ほんで一緒に木の下までまくれ（転げ）落ちて……。

落ちたらどうするかと思うたら、下でまたつかみ合いの喧嘩です。上におるときはまるっきり手の出んかったサルやけど、下りたら強なってきてタカの毛をむしるんです。タカのほうはというと、地面に降りたまま羽でサルを叩くんですな。長い間喧嘩して、血と羽とでいっぱいになって、サルの毛もいっぱいむしられとったと言うて、太一ちゃんはあとからまた下りて見に行ったらしい（笑）。

そのときのクマタカはね、羽を広げたら「二メートル近うあった」と言うてました。そして、「その時分までやな、大きなタカのおったのは」とも言ってました。

コノハズクが真昼に鳴くなんて

面白い話はほかにもいっぱいある。僕らが大塔山の保全運動で走り回ってたら、その当時はマスコミも応援してくれてね、新聞とかテレビとかにしょっちゅう出たんですよ。そのなかでね、ＮＨＫ和歌山に非常に外回りの熱心なプロデューサーがおったんです。ぜひとも大塔のことをテレビで放送したいというんで、「おお、やってくれ。いくらでも協力するわ」と言うたんです。そしたらとりあえず、一本集中して大塔の鳥をやりたいというんです。「ほいじゃ来いよ。どこへ行きたい?」と聞いたら、「そうやなあ、あんまり道のない山を走り回るのは大変やし、カメラを持ってこんなんし、集音マイクも持ってこんなんし、いろいろあるからね。行きやすいとこにしよら。でも、あんまり易しいところに行ったらシャクやしね」と言ってました。

「行きやすいところいうたら、法師山がええやないか」と提案したんです。ちっとも易しいことないけど(笑)。富里の奥から入っていって法師山の北尾根を登るんですね。で、地図でここをこう登るんやと説明したら、「おお、ここえぇ! 距離短い」。いったい何を言うかね(笑)。

で、元気なスタッフをいっぱい連れてきたんですよ。六人ぐらいやったかね。カメラ持つやつから後ろでコードをひっぱるやつから、みんな慌てて来たんです。で、太一ちゃんのとこへ行って「おいやん来てよ」と言うたら、「わし、神経痛でよう行かんね」と言うんです。

その当時、神経痛やとかだいぶいろいろ言うてました。ほいで面白いのが、「かいね周り(家の周辺)の山しかよう行かん」と言うんで、「ほうか、法師山へ行こうと思てんけど」と返したら、「あっ、法師やったら簡単や」と言うんです(笑)。

あの人、かなり以前から腰曲がってましたな。ショボショボとした感じで、声も大きな声で喋らんしね。その格好を見たら、カメラマンなんか「やあ、荷物持ちますよ」と言うて、太一ちゃんの弁当からみんな持ってあげて登り始めたんですよ。

そうですね、初めは植林の中を登っていくんやけど、じきにやせ尾根に着くんです。尾根はだんだん険しくなるんです。で、登り始めて汗が出てくる時分から、手を使わなあかんほどきつくなってくるんです。横向きに行くんでも、横っちょに手をつきながら、急斜面のところをこう行きながら尾根を上っていくんです。最後は尾根を這って登らなあかん。それを二つほど越したとこまでは若手も元気だってんけど、突然、スピードが落ちてヒイヒイ言いだしてね。そしたら、太一ちゃんが「おい兄さんよ、そのカメラ持ったろか」ですわ（笑）。

法師山のほとんど頂上近いところの木守《こもり》側に、非常に深い谷があるわけです。法師山のちょっと北尾根で、北の谷間からものすごくようけ（たくさん）鳥の声が聞こえてきて、まるで鳥の楽園と言いたいほどです。「ここ、ええなあ！　ここは風の音も入らんし、ここでやるか」ということで、まずは弁当食ったんです。まったくの快晴やし、風は少ないしで、「こがなええ日はないなあ」と言うてマイクをセットして、鳥の声を入れ始めたんです。

入れてしばらくしたら、コノハズクの鳴き声が聞こえ出して、それがまた大きく鳴くんやてよ。「よお、こがなん鳴いてるなあ」ってこちら側で話してたら、「この山ではしょっちゅう鳴くで」と太一ちゃんが言うたわけです。その一言が悪かったみたいで、それを放映したら「ＮＨＫはやらせをやりすぎや」という文句を言いさがされて（言われまくって）しまった。夜に鳴くはずのものが真昼の録音の中に入ってるんやからやけど、でもそれは当たり前で、大塔ではしょっちゅう昼間に鳴いとるんです。もう今はないけど、真昼の放送のときに夜の鳥を入れるというのはやらせやというて、和歌山局はだいぶよそから叩かれたんです。

ずっとあとのことですけどもね、太一ちゃんがすっかりお爺さんになってしまってからのことです。玉井先生[11]とか、かなり若手の熱心な人を連れて大塔の山の中でいろいろ調査してるときに太一ちゃんに来てもろたんです。

あれは冬だったです。雪がちらほら残っているような山の中をね、もちろん黒蔵谷のことやから原生林と違うけども、その当時まで七〇～八〇年ぐらいは人が入っていない山です。そこへ入って、いろいろカモシカのことを調べたんです。なんせ、ゾロゾロとおじやんの後ろについていくわけです。そして、川っぺりを歩いていたら、突然、「玉井さんよお、ここへサンショウウオ[12]が卵産むんやで」と言うんですよ。「その石や」と言うんで、玉井先生が石をめくったんやけど、なかった。

「まだないか？　今度雨降ったら産みこんだあるで」

で、一か月ぐらいあとでしたかね、ちゃんとそこに卵があったですよ。いかにも不思議で、あとで「おじやん、あそこ知ってたんか？」って聞いたんです。

「いやあ、わし、あの山、初めてや」

「ほいたら、なぜ分かるんな」

コノハズク／県の絶滅危惧ⅠB類（撮影・松井永喜）

(11)　本書の「まえがき」を執筆。奥付参照。

(12)　ここではオオダイガハラサンショウウオのこと。成体は黒紫色で体長は一二～一三センチメートル。大台ヶ原で見つかったのでこの名前が付いた。年中二〇度以下の冷たく涸れない水で、しかも魚の棲まないところに幼生は棲むため、棲める場所は源流のごく一部。成体は陸上に棲み、森の中で落ち葉、石の下、朽木の下に潜んでいる。

「いやあ、あそこへ来たら、サンショウウオ卵産みとなんね」(笑)
ほんとですよ。まあ、こんな話がいっぱいあるんで、僕が大げさに言っているうんだったらそのつもりで聞いてもろてもかまわんし、それに、面白いさかというてほかのところでこんな話をしたって通じません。「あいつはホラ吹いている。適当に、面白う吹いてる」と言われるだけです。

三年がかりのカモシカ調査を三日で検証

そうこうしているうちに、文化庁からカモシカを調べよという話が来たんです。カモシカによる植林の被害問題で文化庁が非常に神経をとがらせて、日本全国のカモシカを調べようということになったんです。紀伊半島は照葉樹林で、年中緑に包まれているからおそらくカモシカの込み入った調査はできんだろうと僕たちは分かってました。

「紀伊半島の場合は、一〇〇〇ヘクタールの広さの中にカモシカが何匹おったかという、それだけ調べてくれ。棲んでいる数だけ

オオダイガハラサンショウウオ（国・県の絶滅危惧Ⅱ類）

を」という依頼を受けたんですが、これは大変なことやと思いました。

僕が代表になって、行動力が必要ですから一二～一三人の県下の優秀な若手の生物の先生を集めて調査団を組織してやりました。なんと一年間、一生懸命調べてカモシカの姿一匹だけ見ました。そんなに見えんのですよ。棲んでいることは確かです。調べたら、時々、足跡はあるんです。雪が降らないからあんまり足跡が残らんのですよ。残るのは糞《フン》だけです。所々にカモシカ特有の糞があるんで、結局一年間の予備調査の末にカモシカの糞を調べようということになりました。糞がどこにあるかを調べて、地図に記載していくんです。

カモシカの糞はシカの糞と同じなんです。黒くて長方向は先のとがった丸いやつで、そいつが野に積まれています。カモシカの糞は常に積んでます。その糞を拾ってきてノギスできちっと長径や短径を測って、それぞれのカモシカの個体を糞から調べようということになったんです。

結局、それからまる二年、だから都合三年間、二五〇ヘクタールの照葉樹の森林の中で糞を拾う仕事ばっかりでした。間違いなく、森の中にある糞をする場所は全部押さえたというぐらいに克明に調べたんです。その間、カモシカは三回見ました。

調査は大変でしたよ。調査で巡回する道に目印としてビニールテープを巻いておいて、迷わんように行くわけです。そのうち、くたびれてきたらテープを見る余裕もなくなって、右足と左足とが別の方向に滑ってよ。ほいて、大きな木を股でグショ～ンとな。何回も、リュックサック持ったまま滑りこけました。

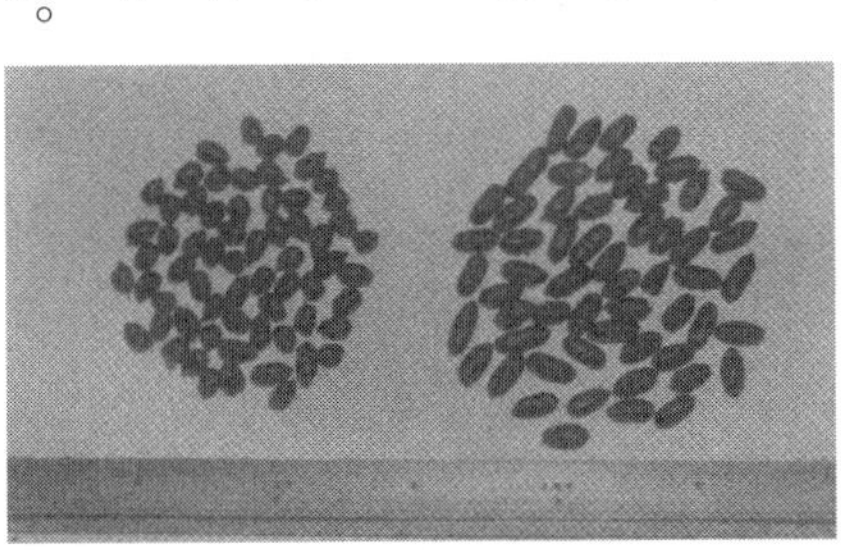

ニホンカモシカのフン（左・幼獣　右・成獣）

で、そういうデータを拾い集めて、京都大学にいる森下正明[13]というすごい生物数学の学者のところに行ったんです。その先生がカモシカの調査を白山[14]でやってて、「糞塊法《ふんかいほう》」という方法で数式表をつくっとるんです。調査地域に、こんだけの糞がこんなにあったら何匹棲んでいるというのが出るんです。僕らも若いときからその先生をちょっと知ってたんで、快く教えてくれたんですよ。

いろいろ教えてくれたとこまではよかったんですが、「あれは白山でやったから合ったけども、紀州は分からんで。わしは、紀州は分からんということだけは分かってんね」と言うんです。何故かというたら、奥さんがすさみ町出身で、なにしろ「わしの家内は江住の山越えた古座川の源流や」と言うて、「家内が生まれたとこがあんなとこやから、おそらく紀州ちゅうのはまるきり分からんとこや」と言うんです。

つまり、海岸が山奥や（一二七ページ参照）というところですよ。でも、それしか頼るとこもないんで糞塊法の計算式を使こうてやったんです。そしたらね、「一七・五」っていう数字が出たんです。「〇・五」はみ出すのが面白いけどの。ほいてね、今度はそれの報告書をつくらんならん。田辺へ来て、みんなで会館を

ニホンカモシカ（撮影・楠本弘児）

借りて、計算するもんから書くもんから、文章をつくって格好つけんならんさかの。

　やっとできあがったときに、誰やったかな「おい、こい合《お》うてんのかあ?」と言うんです。ほいたら、みんな「エエッ!!」て言うて、誰も合うてるかどうかが分からんのです。ほいで僕が「こい合うてるかどうか太一ちゃんに見てもらおうやないか」と言って、太一ちゃんのとこへ行ったんですよ。

　行ったらな、「カモシカかぁ。あの黒蔵のあそこの山なぁ……わし行ったことないさかなぁ」と言うてから、「あいは大変な山やで。あんなとこでカモシカの数読もうと思もたら、そりゃ簡単にいかん。どんなにしたて三日かかる」（爆笑）と言うてな。

「ほんな、行ってくれんか。コタツから何からみな持っていくさかい」

カモシカ調査隊。左から後藤伸、栗栖太一、１人おいて玉井済夫

(13)　(一九一三〜一九九七) 動物生態学者。京都大学名誉教授。日本における個体群生態学の先駆者。

(14)　石川県・岐阜県境にある標高二七〇二メートルの火山。深く雪をいただく優雅な山容で、富士・立山とともに古くから信仰の山として知られる。一九六二年、国立公園に指定。

糞するさかいに糞あんねや

そして、正月すぎに行ったんです。テント張って、テントを温《ぬく》うしてな、細田くん（五二ページ参照）がもうなんせ孫になったみたいに一生懸命に大事にするわけや。いろいろいっぱい動物の話を教えてくれるさかいに。結局、みんなを連れて、もう一度山の中を太一ちゃんに歩いてもろたんです。さっきのサンショウウオの話もそのときのことです。

途中で「ああ、こいはサル齧っとるな」と言うて、なんせいろいろの動物がみんな目に見えるようなんです。で、行ってみたらチラホラとこんぐらい雪が残っているんです。そんなところでね、「おーい見てみい。この雪の下に糞あるで」と言うんや。それで、雪を掻いてみたけど、ないんですね。で、「落ち葉の下か?」というて掻いたら、これがちゃんとあんね。僕らがよう見つけられんかった糞をいっぱい見つけたんです。

結局、二五〇ヘクタールを丸三日かかって全部きちきち歩いた。でも、僕らは全部歩いたところやからちっとも珍しくない。太一ちゃんのほうは初めてなんですが、僕らの見つけてないカモシカの糞をいっぱい見つけてくるわけです。「なぜ、分かるんな?」て聞いたら、「いやあ、ここへ来たらな、カモシカ糞しとうなるんや」（笑）と言うんです。ほんとですよ。

やっぱりね、そのつもりで見たら、こういう崖を背負ってちょっと平らになったところ、そいから、きついとこでちょっと棚になったところの周りに木が生えとって、もしイヌとかが来てもどこへでも逃げられる場所でしかしていない。ほやけど、太一ちゃんはそんなことは言うてくれんさかの。

「そがなん、ここへ来たら糞すんねやらよ。糞するさかいに糞あんねや」（笑）

当たり前の話ですな。そうやって結局丸三日が経ち、三日目の晩だったけね、テントの中で「そうよなあ」と言うて考えとるんですよ。「あそこのやつとあの糞とは一緒や」と、頭のなかすべてに糞が入っとるんですよ。「あいとあいは一緒で、あっちはこいと別で、こいつはこっちへ走って」てなことをボソボソ言うてると思ったら、「そうやなあ、一五匹やな。ほいで、まあ二匹くらい折々（時々）こっちへ遊びに来とるなあ」（笑）と言うたんです。

「ああ、僕らの計算はありゃ合《お》うてた」

計算式では一七・五となったけども、棲んでるのは一五匹やと。で、二匹くらいは外側におって、こっちへ遊びに来んね、というように書いたら一七・五で合うやないの。

ほいで、そうやって報告書を出したんです。その論文どうなったと思います？　全国の動物の学者から総スカンくろて（笑）。なにしろ、太一ちゃんに検証してもろて「これやったら確かや」と結論を出したら、「あれはヤケ（デタラメ）や」ということになって、九州大学の先生なんか笑ろてたという話です。

ところがです。もちろん、最初に森下先生のとこへ持っていったんですよ。そのときはもう京大の名誉教授で

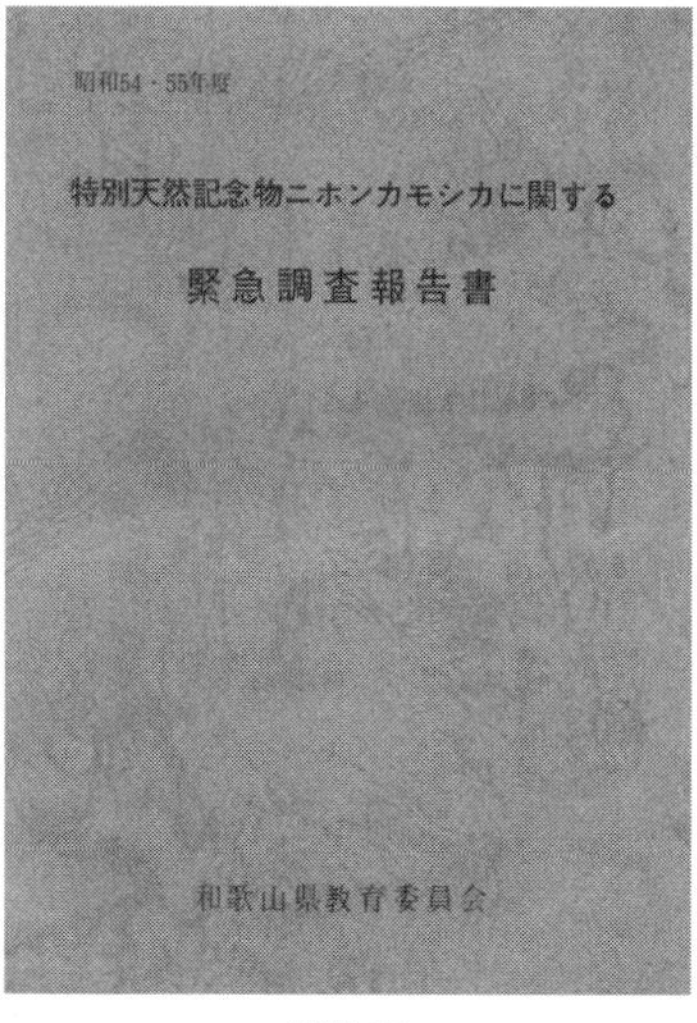

報告書

すからね。その先生のとこへ持っていったら読んでくれてね。
「ここがいちばんええ、最後の締めくくりが。この、太一ちゃんに見てもろた、というのがええ」（笑）
「科学のね、自然科学のいわゆるフィールドのこういうような調査法というのは、これがなけりゃあかん」
て言うてくれたです。

もう、僕らそれだけで大満足しまして……。だいぶよそから言われたけど、もう、よそから何を言われたて怖くない。ほんとに嬉しかったです。で、そのときにね、このような調査をしてたらみんなものすごく太一ちゃんに心酔してしもて、ファンになってしまった（笑）。

そのファンのなかで、今、田辺高校の先生している鈴木昌先生[15]（本来は地球科学が専門やけど、フィールドに出たらえらい馬力ある）がね、「あそこまでものをよう見て正確に考えなあかん」というようなことを話してたら、山の上に雪がちらほら残っているところに足跡があったんです。カモシカの足跡だと、これは僕が見てもすぐに分かったです。傍《はた》にイヌの足跡があってね、それを見た鈴木先生が、「おお、おいやん、こいカモシカ、イヌに追われたん違うか」と言うたら、太一ちゃんもよう見とってね、「ちゃうなあ」って一言です。
「こいな、カモシカが歩いてな、二時間くらい経ってからイヌが後ろからついて歩いてん。その証拠にな、イヌが臭い嗅ぎもて歩いたある」て言うて、「カモシカは逃げてない」と言うです。
「カモシカが逃げたら走るからね、爪がパッと開いて後ろに蹴るでしょ。そういう足跡になってないから、カモシカゆっくりトコトコ歩いたある。その後ろをイヌのほうは地面に鼻をつけもうて歩いたら、前足と後ろ足の力のかかり方違うでしょ。ほやから、こいは……」と、ここまで言うてくれたら分かるけど、「ちゃうなあ、こいはイヌがあとから嗅ぎもて歩いたな」てなくらいで言われたら、「何故、そい分かるん⁉」て。なんせ、きっちり問わなんだら教えてくれんさかね。これ聞いて、もうみんな納得してん。

そして、ずっと下りてきてだんだん県有林に入ってきたら、こんな崖に山崩れの跡があったです。そこにイヌとカモシカの足跡があって、今度はこんくらいに足が開いてあってビッと跳ね飛んでて、後ろではイヌの足跡も跳ねとるんです。「こいこそ、間違いなしにカモシカをイヌ追うたな」て言うたら、太一ちゃんは、「このカモシカ逃げ切ったなあ。イヌのほうが力弱っとる」（笑）と言うたんです。

山の崩壊予測も聞く耳なし

結局ね、いろいろ山を回りながら太一ちゃんに僕が聞いたのは、そういう動物や植物のことを知るためにはまず山に寝ること、です。寝るんでも、できるだけ低くして地面に近いところで寝る。一人で這って寝てたら動物のほうから遊びに来るもんや。そうやって動物と仲良くしないと動物の生活は分かるものではない、というような話でした。大体三年か四年ぐらい経って、やっとコソコソと話をしてくれました。

ほんとは、こういうような見方をしてちゃんとものを考えるのが自然科学の本筋や、と僕らは思いました。それに比べて、今は動物の研究というたら、じきに首輪や発信器を付けたりする。そうせな研究でき

（15）二六九ページおよび巻末の執筆者一覧を参照。

んような今の若手の研究陣というのは非常に頼りないと思うし……動物を猟する、鉄砲で撃つにしてもあちこちにいっぱい人やイヌを入れて、トランシーバーであっちゃこっちゃと言うて撃つのは動物の生殺しで、本当の猟やないと思うんです。昔の人みたいに、イヌ一匹と一人でコツコツと動物の生活を調べながら撃つ。こういうような撃ち方をしたら動物は減らんのだろうけど……。なんにしたて、撃つこと自体、善し悪しは別として、かなりそういう面でおかしくなってるんだろうなと思います。

太一ちゃんと山の上で風通しのええところに座って山を見下ろしていると、コソコソといろんなことを教えてくれる。

戦後の拡大造林(16)の政策で強引に植えたところは、やがて順番に崩壊していく。崩壊する理由は僕らでも分かっとるんです。スギやヒノキというのはまっすぐ立つ木ですから、根は必ず横に張るんです。これは力学的な話で当然です。上で広がる広葉樹の根は深く入る。だから、カシなんかは必ず根は深く入ります。それに対してスギやヒノキはまっすぐ伸びる木ですから、根は必ず横に伸びる。根が真横に走って隣にくっつきますね。すると、しまいに根の板ができます。だから、山の斜面にスギやヒノキの根の板ができて、その下に水が入ると必ず滑ります。

この話を、本当に研究したのは林野庁です。林野庁はおかしなところでしてね。一生懸命に「スギ・ヒノキを植林せえ」と言うたかと思ったら、一方では、スギやヒノキを植えたらいかに山が崩壊するかということを研究してるんですよ。研究する部署と植える部署が別なんですかね。

その話を僕が太一ちゃんにしたら、「紀州の山はもっと条件いいから、そう単純にはいかん。二代目の植林が成木になったころ、ここ二〇年ぐらい先で、せっかく植えた植林地が大体滑る。あそこは滑る。あれも滑る。これもうじき滑る」と言うんです。「そこまで分かってんのやったら、何故それを県の人にも言うてくれんのな」と、僕が太一ちゃんに言うたんですよ。

「いいや、わしの言うこと聞くような世の中と違う」

なるほど、これは問題やな……。僕は、そっちのほうが大きな問題やなと思いました。結局、こういう人の話を聞く耳が今の人にはなくなったということです。

栗栖太一さんは、もう三年前（一九九五年）に九一歳で亡くなったんです。土の中から出てきた、こういう太一ちゃんみたいな人たちの話が本当の自然の真理だろうと思います。こういうのをできるだけ生かしていけるような、そういう将来を考えてほしいと思うんです。

昔のことを思い出しながらえらい長いこと喋りましたが、ここで終わりたいと思います。

植林地崩壊

(16)　天然林を伐採した跡地や原野などを針葉樹中心の人工林に置き換えること。人工林の伐採跡地への造林は「再造林」と言う。拡大造林への補助金は費用の半額で、再造林より優遇された。

後藤伸と私

後藤先生と栗栖さん

細田徹治
（高校教諭。哺乳類研究）

学生時代の私の夢は、将来、開発途上国で農業の技術指導に携わることだった。ところが、何をまちがったのか教師への道を選んでしまったが、決してこの選択は誤りではなかったと思っている。

和歌山に戻った時点で、世界へ進出するのと同じレベルと言えるすばらしい出会いが待っていた。高校時代の恩師である吉田元重先生に後藤伸先生を紹介されたときのことは、今でも忘れられない。「和歌山県自然環境研究会」(1)に初めて参加したときのことである。

後藤先生は若手の入会をたいそう歓迎してくれ、紀伊半島には他の地域にはないすばらしい自然があり、和歌山県にはその自然を守ろうとするすばらしい仲間がいることを熱く語られた。

「君も、和歌山の自然を後世に伝えていくためにともに学び闘っていってほしい」

私は、胸が躍った。

「はい。蛾の研究、頑張りますのでよろしくお願いします」

「蛾か？　昆虫を研究している者はこの会には大勢いる。あんたの恩師もそうや。この会に欠けているのは哺乳類の専門家や。おまえ、哺乳類を勉強せえよ。今後、この会としてもカモシカ問題に取り組む計画だし」

郷土の蛾を研究をしようと大きな夢を描いて入会した私は、一瞬にして「哺乳類の専門家」を目指すことになった。

まん丸い目を見開いて熱く語られる先生に反論などできなかった。十数名の会員が当番校に集まり、指名された者が自分の研究分野で話題提供をするのであるが、後藤先生はどんな内容についても言及され、激論を闘わせるのである。その知識の豊富なこと、そのすべてはご自身の体験が基本にあり、それに学術的な理論が裏付けされているので鬼に金棒である。南方熊楠は書物で知っていたが、後藤先生はまさにその超人と重なり合い、何となく南方熊楠の世界に入って行くような気になっていったのである。

研究会のメンバーになって二年もしないうちに、すっかり「哺乳類の専門家」気分にさせられていた。気分は専門家であるが、哺乳類の研究方法などまったく勉強したことがない私を容赦なく鍛えてくれたのは紛れもなく後藤先生であった。昭和五一年の冬、「黒蔵谷国有林でのカモシカ調査」という大きなプロジェクトの陣頭指揮を若い私に任せてくれた。そして、後藤先生が師と仰いでおられた栗栖太一氏を紹介された。

本研究会でも初めてのカモシカの調査ということで、栗栖さんが案内人兼アドバイザーとして同行して

（1）一九七〇年代に後藤を中心として「大塔山系生物調査グループ」が結成され、一九七四年に「和歌山県自然環境研究会」に改称した。これまでに、①県内の植生調査、②カモシカ調査、③大塔山系の調査、④森林伐採への反対運動などを行う。事務局：和歌山県田辺市秋津町二二二八―一〇　玉田一晃　方。

くれた。八〇歳をすぎた古老であるが、その健脚ぶりは私など足下にも及ばなかった。当時は林道もなく、黒蔵谷国有林までは山越えで徒歩三時間強の道のりであった。その道中、栗栖氏は、小鮫谷に何か月も炭焼きのために寝泊まりをしていたころにクマによく遭遇した話や、毎日小屋の周辺を闊歩するヤマネの姿で気分が癒されたという話、この山腹には一つがいのカモシカが生息しており、あの谷にはいつも一頭同じ個体がいるなどの解説をしてくれた。その後、栗栖氏が言われていた通りの調査結果が出たことから、改めて栗栖氏の話の信憑性を再確認した次第である。

何十年も山で動植物とともに暮らし、後藤先生と親交を深めておられた栗栖太一氏もまた南方熊楠と同じ血が流れる紀州が生んだ偉大な自然人であった。私は、彼らのような超人には到底なれそうにもないが、すばらしい紀伊半島の自然を後世に引き継いでいく努力だけは忘れないようにしたいと思っている。

第2章　虫たちからの告発

［2001年5月31日　カメムシ調査に関する講演会（和歌山市）］

ツノアオカメムシ（撮影・伊藤ふくお）

最近は、カメムシの大発生はないですが、1990年代前半の大発生はなんだったのかと思います。

あのときは「カメムシ柱」が立ったんですよ、蚊柱みたいに。

その現場は凄いものでした。夕暮れのころに、至る所でカメムシが乱舞してるんですわ。「シャーッ」って、ものすごい音をたてながら、猛烈な勢いで回っていました。

何故あんなに大発生したのか、僕らには分かりません。あえて言えば、自然からの警告でしょうね。今はほとぼりが冷めているが、再びああいった大発生が起こらないという保証はどこにもないのでは……。（堀　修実さん談）

虫との付き合い半世紀

きょう、ここにお集まりのみなさんにとっては、なんちゅうたらええん、「憎んでも憎みきれん」ほど嫌がっているカメムシが実は僕の本職でして、かれこれ五六年ほどカメムシと付き合っています。「よう、そんな臭いもん」て思うかもしれませんけども、慣れるとあれはけっこういいもんでして（笑）。

あのカメムシのにおいの素はカメムシ酸という、ちょうどハチの毒にあたるような有機酸なんですよ。傷口につくと大変です。ハチに刺されたのと同じぐらいの痛みがあります。仮に、目なんかに入ると見えなくなるほど痛いのはそのためです。でも、命に別状ないです。僕なんか手がまっ黄色になって、手のひらの柔らかいところの皮がむけるようなことが時々あります。でも、大丈夫です。

カメムシを調べていると、植物のことをよく知らないと実は分からんのです。それで植物のことを克明に調べていると、どうも紀伊半島の北と南で大きな違いがあるというのが分かってきまして、「いったい、紀伊半島ちゅうのはなんな」ということまで話が大きくなり、そいから、いっぺん北日本の落葉樹林帯からこの紀伊半島の照葉樹林までを見直そうと、よく信州とか北海道とか北のほうを回りました。

北から見るだけじゃもの足らなくて、南のほうへも行って沖縄とか九州から紀伊半島を見直してみたんです。ところが、どうも南のほうの生きものを見ると、ありゃ麻薬みたいなもんでしてね、だんだんだんだん南へと行って、しまいには東南アジアの熱帯雨林の中をウロチョロしていろいろ調べました。

結局、何が分かったかというと、とくに「人間ほど勝手な生きものはないな」ということでした。人間本位にものを考えていったら、こりゃ、どうもこうもならんようになるということを、最近、非常に強く感じるんです。

　これからお話しすることは、虫の立場から言いますのでおそらく腹の立つことがいっぱいあると思いますが、僕が言ってるんじゃないですからね。全部虫が言ってるとか、植物が言ってると思って聞いてください。

　長い間生きものと付き合ってると、向こうの言うことがだんだん分かるようになります。僕も今七〇を越しまして、やっと最近、虫の言いたいことが少しずつ分かるようになりました。

マツ枯れ・ウメ枯れ・サクラ枯れ

　この和歌山県だけじゃないけど、紀伊半島でマツがかなり早い時期に枯れました。その後、ウメとかサクラがどんどん枯れていきましたね。今、カシの木が枯れつつあります。山のいろいろな木が枯れ、一時ちょっと雨の降らない時期が五、

立ち枯れのマツが白く目立つ

六年前にあったんですが、そのときにスギやヒノキがたくさん枯れました。至る所が枯れ木の山になって、台風吹いたら、山の木がほとんど飛んでしまうとかいうことがかなりありました。

　こういうような場合に木を枯らす理由を調べたら、もちろん虫がたくさんついとるんです。それでじきに、「あ、これ虫が悪いんや」って簡単に決めてしまうんです。虫に言わせたら、「わしら、木ぃ枯れて餌ができたからついてん」と言ってるんですよ。分かります？　どうもこの日本の農学にはね……昆虫学という学問が、どういうわけか理学部になくて農学部にあったあたりに大きな原因があるんですね。

　農学部の研究室では、虫がいかに悪いかというのを宣伝しないと研究費が出んのですよ。だから、みなさんが習った大学の先生とか、そういう専門家には必ず虫を犯人扱いする癖があります。でも、木が枯れる要因を探してみたら、果てきりなしに（限りなく）あるんですよ。

　ウメが枯れた。それを昆虫学者に調べさせたら「虫がついたから枯れた」って必ず言いますよ。カビの研究者に頼んだら、これはカビやと言います。線虫[1]の研究者が調べたら、必ず「線虫が根の先端についたからこの木は弱ったんや。ほいて枯れたんや」と言います。土壌分析している人は、「こら酸性の土壌になったからや」とか、反対に「アルカリになったからや」とか言うて土壌の分析やります。なんか、それぞれの人がそれぞれの研究費でやってるかぎり、自分がやってることがいちばん重要やと思ってるから必ずこうなります。

　そんな簡単な、その専門家の狭い知識でいいんか。僕はここで、最後の結論だけ言うとるんですよ。なんせみなさんが、ウメなりミカンなりを見るときに、ほんとに悪いのは何なのか、やっぱり自分でじかに植物から話を聞かないとダメです。

今、大気汚染の問題がウメ枯れなんかでよく言われるんですけども、大気が汚染していることは事実です。ただ、昔、日本でいちばん大気汚染が激しかったのはいつかというと、戦時中ですよ。日本の町、全部燃えましたから。石油を積み込んだありとあらゆる船が全部燃やされ、石油基地が焼かれ、家々の全部が焼かれたんです。これが日本の上空に漂うて、毎日毎日赤い太陽が半年も続いたんです。あんだけ汚れたのに、その大気汚染で植物は枯れたかというと実は枯れてないんですよ。

戦後二、三年で空気がきれいになってしまって、まったく美しいきれいなもとの日本になりました。戦争に負けたときに、日本には豊かな自然林があったんですよ。あったから空気をきれいにしていた。これが、今、まったくきれいにならんのですよ。果てきりなしに汚れ続けていく、そういう問題があります。これはいったい何なのか。こういう汚染源と浄化力の問題は、よほど考え直さないかんのじゃないか。

僕は田辺に住んでいますが、なんか喧々諤々と僕の周りでウメ枯れの問題で大喧嘩してるんですよ。そのなかで僕が見てたら、みんながかりでウメを枯らすように努力してるんやないか、何故ウメを生かすように研究せんのかと思うことがあります。

剪定《せんてい》なんかにしても、いかにしたら木が弱るかちゅうような剪定をしてるように思うし、学校の剪定の専門家の前であえて言うんですが、どうし

戦後の焼け野原（〈社〉日本戦災遺族会発行パンフレット「平和への想い」より）

（1）回虫、ぎょう虫をはじめ、動植物に寄生するものや微生物を補食するものなど、総数は五〇〇〇種にも上る。

たらたくさん花が咲くかとか、たくさん実をつけるかっていうのをみなさんはよう分かってるはずです。分かりながらやってるんです。しかし、花が咲くとか実をつけるっていうのは木を弱らすもとです。

ウメのほうは、三年にいっぺんは休ませてほしい、と言ってます。とくにウメの場合は摘果もしないし、なんせ、なるだけならして採るだけ採って、しかも毎年実れというのは無理というもんです。

ＤＤＴから始まった虫抹殺の時代

そんな無茶な話というのを、これから少し例を挙げて話してみます。まず、和歌山県ていう県は、大体一つの県にするのが間違ってるように僕は思うんです。生えてる植物から見て、そんなに思いません？今、ＪＲきのくに線の電車の窓から冬の景色を眺めると、日高郡の北の端までは、スギやヒノキ以外は、冬、全部茶色に葉が枯れるんですよ。そして、ちょうど日高郡に入ってしばらく行くと、冬、窓の外が全部緑の森になります。いわゆる、シイやカシの森になります。北は全部コナラの森なんですね。そういうことに気づいたことありますか？　気づいてなかったら時々気ぃつけてください。冬に、非常によう分かるんですよ。全部、北半分は葉が落ちてしまうんです。そして、南半分は冬も緑です。

これはね、一つは気候（雨量）が違うんです。大体、紀ノ川筋の年間雨量は一〇〇〇ミリです。日高郡以南になると年間雨量は二〇〇〇ミリとなり、倍ですよ。もっと南へ行くと三〇〇〇ミリになります。那智とか大塔とかいう、ああいう山のいちばん奥のほうの地域へ行くと四〇〇〇ミリにもなります。和歌山県内で、年間の雨量が一〇〇〇と四〇〇〇という大きな差があるわけです。だから、少なくとも一〇〇〇ミリと二〇〇〇ミリのあたりで「こりゃ国が違う」と考えなければならんですね。ちなみに、ヨーロッパなんかでは年雨量が大体五〇〇ミリ以下です。

何故雨量が重要かというと、あとでだんだんつながってくるんですが、日本のこの近代的な学問というのはほとんどヨーロッパから入ってきたもんなんです。明治以前、日本には日本の農業とか林業とかに関して非常に深い研究が実はあったんです。あったものを、明治の初めに全部捨てました。「日本の江戸時代までの人がいかに無知であったか、それに対してヨーロッパの先進国がいかに優れているか」と言うて、突然ここで農業もすっかり変わってしまったんです。

でも、日本の農民というのは、指導者がどんなに変えようとしても、あるいは大学の研究陣がどんなにヨーロッパの学問をすすめてもついていかなかったんです。林業もついていかなかったし、農業もついていかなかった。とくに、和歌山県では頑固についていかなかったです。「大学でやるのは大学や。わしらは昔からこういうやり方や」と言うて、なんか徹底抗戦するように言うこと聞かなかったんです。だから、戦前の農業というのは、非常に古い形のものが紀州では受け継がれてきました。

広葉樹	常緑樹	落葉樹
	常緑広葉樹（照葉樹）アカラシ	落葉広葉樹 クヌギ
針葉樹	常緑針葉樹 スギ・ヒノキ	落葉針葉樹 カラマツ

樹種表

ところが、戦争に負けてアメリカの文化が入ってきて、日本人が「欧米諸国の文化には到底太刀打ちできんねや」と思った。戦争の悲惨な思いと一緒に、今までもってきた、細々ともってきた日本の文化をこのときに捨ててしまったんですよ。

捨ててしまったところにアメリカのＤＤＴ[2]が入ってきます。ＤＤＴというのはご存じと思いますが、もとは戦時中敵を殺すためにつくった毒ガスなんですよ。これを薄めて殺虫剤につくり替えて、日本に売り込んできた。これを人間にふりかけたらシラミとかノミが死んでしまう、と。

僕らも頭からかけられました。なにしろ、電車に乗って降りてきたらいっぱい体にシラミなんかがついとるんですよ。シラミって、今の人は知らんですねぇ。あんまりええもんじゃないです。ノミとかシラミがいっぱいついてるからＤＤＴをぶっかけたんです。

そのときに、これを農作物にかけたらいかに害虫が死ぬかというのを、みんな目の当たりにしてびっくりしたんです。全部死ぬんです。使った農家の人もその効果の大きさに驚いて、いかにアメリカが進んだ化学をもってるかちゅうのにびっくりしてね。

ちょうどそのころ、僕は昆虫学の研究を大学で始めていました。昆虫学会へ行くと、どうしたら虫が殺せるか、この害虫に対して何をどうしたら殺せるかというて、昆虫学会の研究はほとんど殺すことばっかりに集中してました。そういう研究だけだったんです。おそらく、昆虫の研究なんちゅうのはこれから先は要らんのちゃうか……というようなことが昆虫学会で囁かれたことがあります。僕は、これはけしからんことやと思いました。

虫なんちゅうのは無数にあるんです。その無数にある虫をどんなに殺しても殺しきれるもんでないし、その虫を全部殺したら、いったい人間はどうなるんかと思いました。そう思って、大学を卒業するころでしたかね、学会でそういうことを発言して、防除の研究をしてる人たちにえらいきつい目で睨まれて、僕は意地になったことがあります。でもそのときの日本は、そういうようなムードだったんです。

そうやって農薬が使われだして、だんだんだんだん新しい農薬が使われて、（ここにそういう人がいっぱいおるから、えらい言いにくいんやけども）ＤＤＴやＢＨＣ[3]の時代に農業指導をやってた人の大半はガンで亡くなりました。調べてもらったら分かります。非常に恐ろしいことです。

もちろん、農薬なんていうのは、使い続けてガンになるまでには二〇年ぐらいの年数がかかります。だから、一九五〇年代に農業指導やってた人が一九七〇年代になって次々と亡くなっていきました。農薬っていうのは、虫だけの話ではないということです。

チェーンソーが気候を変えた

和歌山県で、厄介な話がもう一つあるんです。人間は自然界で生きてるかぎり、自然ていうものをある

（2）殺虫剤の一つ。白色ないしクリーム色の粉末。昆虫類がこれに触れると神経機能が攪乱され、けいれん・麻痺を起こして死ぬ。粉剤、乳剤、水和剤などがある。現在は使用・製造とも禁止されている。

（3）ベンゼンに塩素が付加した化合物。白色粉末。殺虫剤としてきわめて強力で、農薬として広く使われたが、残留性が高く蓄積による慢性の毒性が問題化し、使用製造ともに禁止された。

程度壊しながら生きていかなけりゃならんのです。こりゃもう仕方ないことです。しかし、初めのうちは、山の木を伐り、人間がそれを利用し、そうやってるうちに森林のほうも人間の立ち入りに対してけっこう対応してくれるようになるんですよ。だから、タブノキの森があったらそのタブノキをどんどん伐って使う、イチイガシの木を使ってしまうとなると、その代わりの木がすぐに生えてくるんですよ。やっぱり、森林はちゃんとした森林として残ります。

ところがですね、昭和三〇年代、一九五五年ですか、あのころから突然チェーンソーが入ってきたんです。今まで使ってたノコギリとかナタに代わってチェーンソーが中心になります。このチェーンソーが、日本の気候を変えてしまったんです。

昔は、大きな木を伐るのに二人一組みや三人一組みになって、それで一日かかって一本の木を伐り倒してました。ノコギリでね。そのあくる日にその木の枝を取り、そのあくる日にいくつかに小切る。そして次の日に谷に落とす。まあ、大雨のときに下流へ流すというような形で木を運び出してきたんです。

それがチェーンソーで伐ると、樹齢二五〇年とか三〇〇年の大木でも伐るのは二分ですよ。ほんわずかな時間で伐ってしまって、一日のうちにバラバラにしてしまって、トラックでサッと持って帰るんです。このような機能的な仕事をし始めると、森林は森というものの機能を残すだけの対応ができないわけですね。

チェーンソー

おまけにチェーンソーは切り口に油を使いますから、バイ(4)が出ません。これは、木そのものの生存を絶えさせます。さらに、伐ってしまったあとにスギやヒノキの植林をします。この植林、ご存じのように派手にやりました。

もともと、植林というのは戦後の日本を助けた非常に大切な仕事だったんですよ。過去形ですよ。さっきも言いましたように、ヨーロッパから入ってきた植林事業のやり方に対して紀州の人は反対してきました。

「やっぱり、国の言うことを聞かなかったら林業うまいことといくんや」とかいうようなことを合言葉にどんどんやってきた。そして、いいスギやヒノキの森をつくって紀州木材の名を高くしたんです。これが、戦後の日本を救ったんです。

そこまではよかったんですよ。そのときにようけ儲かった。いいですか、ここが大事なんですよ。スギやヒノキで儲かったから、伐ったところにまたスギやヒノキを植えるんだったらよかったんです。しかし、儲かるからといってスギやヒノキを植えてなかったところの自然林までみんな伐って植えてしもた。

本来、植林は、大きな山でもその三分の一ぐらいしかできないんですよ。それ以上したら間違いです。山の尾根は全部自然林に残す、谷間の緩やかなところだけ植林する、谷間にはスギを植え、中腹にはヒノキを植え、南向けの日の当たるところは全部自然林として残すというのが紀州人の山に対する、なんちゅ

---

(4)　ひこばえ。切った木の株から生え出た芽。

うかね、本来の一つの掟だったんです。これを破って、山という山を全部植林しました。だから、今ある植林の三分の二は間違いです。

スギやヒノキの植林がそんなに増えたらどうなるかというと、まずね、いちばんみなさんが気になっている酸性雨というのがまったく消えなくなったんですよ。

雨というのはもともと酸性なんですよ。そこへ工場なんかからの煤煙を含んでもっときつい酸性雨になりますが、いずれにしたって雨そのものは酸性なんです。その酸性のものを中和するのが広葉樹なんです。葉の広い植物ね。スギやヒノキはその能力が少ないんです。

スギやヒノキは、元来古い時代の植物なんですよ。こういう古い時代の地球の雨は、それほど酸性ではなかったんだろうと思います。だから、スギやヒノキは昔は栄えていたんですが、今はもうほとんど自生してないんですよ。

ほいじゃ、このへんに生えてるスギやヒノキはなんなっていうたら、いったん絶えた植物を無理に引っ張り出してきて植えたもんです。だから、人間が手入れしないと枯れるわけです。それをまた無茶に植えて、ほいて植えてみたら何にも金にならんからと、ほったらかしにする。

今あるの見たら、大体五〇年経ったら、いい場所のスギやヒノキはこんな一抱えにもなります。だから、柱になります。ところが、三分の一はこのくらいの太さ（直径二〇〜三〇センチ）の木になったままで止まります。残り三分の一は僕の腕ぐらいの太さしかなくて、もうほんとに何にもならん。これを、「林業の話や。わしゃ関係ない」っていう顔せんといてくださいね。これが、果樹を傷めつけてるいちばんの元凶になるんです。そして、これが紀伊半島を乾燥化させているんです。

乾燥化の根底に植林

僕は五〇年、ずうっと紀伊半島の虫を調べているんですが、紀伊半島の湿潤気候で紀伊半島特有の昆虫ができてるんですよ。だから、雨が多くって暖かくって、森の中がいつも湿ってて、カビやキノコがいつでも生えてる。それを食べる虫っていうのがあった。

それが、僕が昆虫を調べ始めたころは、大阪と和歌山の県境の和泉山脈にありました。小さい、こんなセダカテントウダマシっていう紀伊半島特有の虫です。それが一九五〇年ころは泉佐野でいなくなり、なんか知らんうちに高野山でもいなくなったんです。護摩壇山あたりにはいるけども、日高郡の海岸線のような低いところはいなくなった。だんだん、だんだんいなくなっていくんです。

今いるのは、護摩壇山に原生林が一八〇ヘクタールぐらいあるんですが、そこの部分にちょっとだけ生きてるが、あとはまったくいないんです。こないだから調べてみたら、果無山脈でもその虫がいなくなったんですよ。だから今は、田辺と尾鷲を結ぶ線から南、いわゆる紀伊半島の南端だけにしかいないんです。

だから、「本来の紀伊半島」っていうのは昔は大阪と和歌山までやったのが、五〇年後の現在、田辺、新宮、尾鷲を結ぶ南端だけが「紀伊半

セダカテントウダマシ

島」となってしもた。それほど、乾燥化が進んでいるんです。

だから、今、よく「地球の温暖化」って言いますね。気温が上がることは、これは乾燥するということです。この大気の乾燥は、植物にとって非常に大きな問題となります。温暖化と乾燥化は同じで、日本列島は植林されたために徐々に「砂漠化」が進んでいると思います。

この乾燥化で、日本の一等地の植林地に植えた木の質が悪くなったんです。僕もこの間、びっくりしたんですよ。和歌山県でも代表的な林業家が僕のところに来たんです。林業家が僕に話をしに来ること自体に時代の移り変わりを感じるのですが……何を言ったかというと、「うちは先祖代々いいところだけに植林をして、きちんと手入れをしている。だから、うちの木はよその木の倍の値で売れた。ところが、今ものすごく安い」と言うんです。

腹が立ったんで、「うちの木をよく見よ」と言おうと思って市場に行ってみたら、実は「悪い」と言うんです。それで、何も言わんと帰ってきた。それほど、一等地に植えた木が悪くなってるんです。その原因は、周りの森林がなくなって全部植林になったからです。

みなさんが子どものときから、日本国土の緑化のためにはスギやヒノキを植えたら水資源が確保されるのだとか、動物が生きていけるのだと、植林による国土緑化が非常にいいことのように言われてきたはずです。何と、それ全部間違ってたんです。

先ほど言ったように、スギやヒノキは、今から何百万年も前の生きものです。だから、今あるのはほんとは生きた化石なんです。ああいうスギやヒノキを無理に生かしていくためには、ものすごく手入れをしなければいけない。その手入れをしようにも、安いから手入れができない。

それじゃ、何故植えたのかというと、植えるときに一本いくらという補助金が出たんで植えたんです。一本一〇〇円もすれば、そりゃ誰でも植えますよ。だから、日当が五〇〇〇円というような時代に、山仕事をしたら一万円から一万五〇〇〇円くらいもらえたんですから、そりゃ山仕事をしますよ。どんな崖でも植えまくる。植えたらいいんやから……狭いところでも植えればいいんだから。ひどいときは、何本も一緒に植えてましたよ。五本もいっぺんに植えたら五〇〇円になりますからね。ほんとのことです。県有林なんかには、三本、五本まとめて植えたというのがいくらもあります。こうやって植えてどうなったかというと、あとはもう枯れるだけです。

片足の下に五〜六万の土壌生物

実はね、林業も農業も同じこと言えるのですが、最近の自然がどう変わっているか、どうなってるのかというのを別の方向から調べてる男がおるんです。土の中の生きものを調べとる男です。山本佳範先生(5)っていうんですが、この人がね、土の中のダニを調べてます。ササラダニっていう、土をつくる

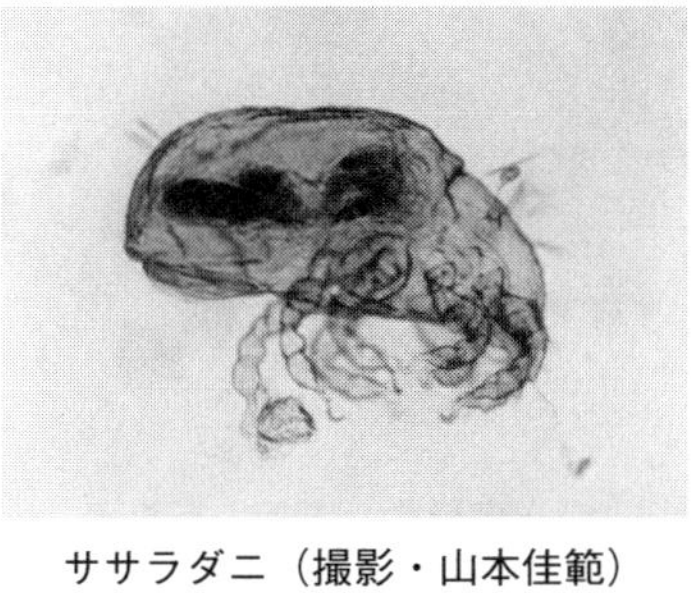

ササラダニ（撮影・山本佳範）

（5）（一九四八〜　）県立和歌山盲学校教諭。土壌動物学者。土壌動物の中でも環境評価の指標動物として注目されるササラダニ類の県内ただ一人の研究者で、日本産ササラダニ類・コナダニモドキ科をまとめ、あらたに一一種類の新種を発見・記載。環境の指標生物としての可能性を示唆して農学博士号を取得した。和歌山市在住。

ダニですね。落ち葉なんかをポリポリかじって、そして糞《ふん》をして、その糞がほんとの土をつくります。このササラダニの数によって土のよさが分かるんです。

こんなこと言うと、また日本の農業ちゅうのはなんかおかしいんですな。昔、農業の講義を聴いたら土壌学ちゅうのがあるんですね。農作物には土壌がいかに大事かちゅうのを克明にやって、土の中にこんな生きものがおって、土壌の組成がこうやから植物が育つんやちゅう講義を聴いたんです。

次に、作物学っていう講義を聴いたら、水耕栽培の話をするんですな。植物はこういう成分とこういう成分で、こんなにやって植物は生長すんねやと。だから、水の中にこんな成分を溶かしたら植物はこんなに生長するんやと、実験しながら講義をするんですな。そこでは、土はまったく出てこんですな。それは、みなさんもご存じの話です。

おかしいと思いません？　こんな矛盾した話はないですよ。土がいかに大事かと言いながらやな、土がなかったらいかにいいかっていう。そういうの、みなさん、聞きながらおかしいと思わなかったですか？山本先生に聞いたら、土の中の生きものを調べて数を読むんですよ。深い原生林の、ほんとに「これこそ森林や」っていうところに入ると、大体片足の下(6)に、線虫とかササラダニを中心に五万から六万の虫がありますす。五万から六万ですよ。これ、本に載ってますから誰でも知ってる話です。

これが、和歌山県のミカン畑を調べたら、大体ね、いいミカン畑で一〇〇〇です。よくないところは五〇〇台になります。片足の下、足の下に棲んでる虫の数ですよ。ウメ畑は二〇〇ぐらいです。だから、あれでいい土をつくれっていうのは無理だと思います。

何が悪いんかなと思って僕なりに考えてみたら、落葉樹と常緑樹の違いでした。ウメの場合は落葉樹やから、下草がよう生えるんですね。ミカンの場合も下草が生えるけども、葉っぱが茂った下はあまり生えんですな。だから、除草剤をかける面積が狭い。除草剤が少ない分、土の中の生きものも生きてるようで、ミカン畑のほうがいいのはそのためだと思います。

スギの植林で大体一〇〇〇前後ですけど、多いところ、いいところのスギ林の下だと二〇〇〇ぐらいあります。そうなると、自然林の中の土っていうのがいかにすごいかってことが分かります。

そういう虫が減っていく理由をもう言う必要はないと思いますが、やっぱり殺虫剤そのものが非常に虫を殺すのは当然ですが、除草剤も虫にとっては大敵なんです。虫のほうは非常に困ってるんです。いい土をつくろうとして一生懸命にがんばっても子孫がどんどん絶やされていく、と。

この農薬ですが、ほんとに農薬ていうのは「害虫」を殺しているんやろうか、ということです。

殺せば殺すほど増える害虫

それで、最近、僕は家でちょっと〝実験〟をしたんですよ。僕の家の裏にあるウメ畑に持ち主が盛んに農薬かけるんですよ。しまいには除草剤までかける。僕は、その隣で虫を飼ってるんですね。虫が死ぬんですよ。かなわんから「農薬を少のうしてくれ」て言うたら、「いや、わしのところのウメは自然食品の

（6）　一〇〇〇立方センチ（10センチ×10センチ×10センチ）内の土壌生物を数える。

店に売れるほど、かけてる農薬は少ないんや」て言うんですよ。「少ないったって、一週間にいっぺんかけてるやないか！」って言うたら、「それはこの時期だけや。あとはかけん」と言われてしもた。

それはまあね、実を採ってしもたらあとはかけんのは分かるけども、なんせ集中的にかけるもんやから、僕の飼う虫がみんな死ぬんで「その土地売ってくれ」って言うた。その人も、もう農業をする気があんまりなかったみたいで、「もうええわ。売るわ」って言うて、結局その畑を買ったんです。まだ、ウメが生えとるんですよ。

その次の年、今度は一切農薬を使わなかったんですね。どうなったと思います？　面白いことに、農薬かけてる間は無数にあったタマカタカイガラムシ(7)という虫が全部なくなったんですよ。

アカホシテントウムシ（大）とタマカタカイガラムシ

タマカタカイガラムシていうのは、どうも殺虫剤（農薬）をかけるからつくみたいですね。ありゃ、ふつうの殺虫剤は効きませんがな。あれを殺そうと思ったら、土の中に毒物でも入れて毒の木にすればカイガラムシは死にますがね。その代わり、ウメは採れませんけどね。それ以外に方法ないんちがいますかね。

農薬をやらなかったらアカホシテントウムシがやってきて、カイガラムシをみな食《く》ってしもた。餌がなくなったら、アカホシテントウはまたほかの畑に移動する。アカホシテントウムシちゅうのは冬に活動するんですね。だから、夏以降、農薬かけなくなったらウメ畑に行ってカイガラムシを食《く》って生活してるんです。

虫というのは、今名前がついているものだけでも世界で二五〇万種類ぐらいあるんです。名前のないのがそれの何倍かになる。だから、おそらく地球上には昆虫一〇〇〇万種類ぐらいあるだろう、と。人間はどんだけ寄っても一種類です。

研究者は、これはこんな害虫だからどうしても殺そうと、それはもう気の毒なほど熱心に研究していますよ。そして、その害虫対策を見つけ出し、害が出ないようにしています。

すると、その害虫がいなくなったら代わりの害虫が次々と現れるんです。大体一種類の害虫を消したら、まず二種類の害虫が増えると思ってください。二種類を消したら四種類に増える。四種類消したら八種類増えると。向こうはその、なんせ登板を待っているピッチャーがいくらでもいるんですから、消せば消すほど出てくる。いちばんの問題は、それでも殺し続けていることです。殺すと自然界の虫が全部いなくなる。そしたら、それでいいじゃないかと言う。

ところが、殺せば殺すほど死なないやつが出てくる。たとえば、カイガラムシとかアブラムシはね、水を完全にはじく。カイガラムシはカメムシの仲間ですから、セミの仲間です。餌は、茎の中へ口を突っ込んで汁を吸うんです。そして、背中には大きな殻を被っていて、それがロウでできているんです。水をはじくから、絶対農薬は染み込まないです。

もちろん、このカイガラムシも殺せる時期があるんです。幼虫で殻をもたないときは死にます。そのときだけ農薬をかければ済むのに、農薬を年から年中かけてるわけですよ。ウメなんか、どれくらいかけて

（7）成虫は体長五ミリ、赤褐色の球形である。カイガラムシ類はロウ物質に覆われているため水をはじき農薬が効きづらい。

るか知ってますか？　僕も詳しいことは知らんけど、一週間にいっぺんと違いますよ。二回ぐらいはかけてるんと違いますか。いろんな薬があるようですが。それに、ミカンも一年中かけています。ウメは、ミカンにかける一年分を三か月でかけてしまうわけです。昆虫のいちばん発生する時期にウメにかけるから、ウメ畑の周辺の虫は完全になくなります。

そういう状態になって、それじゃ害虫はなくなったかというと、ウメの害虫はいっぱいあるんです。今言うたように、農薬をかければかけるほど死ぬが、今度はこの農薬に対抗できる虫がますます元気になるんです。カイガラムシみたいに、背中に鎧を被って一切の農薬をはじくことのできる虫にとってはこんないい話はないんですよ。

DDTやBHCのような毒性の強い農薬は今は禁止されてますが、最近のスミチオン[8]なんていうのはものすごく「優秀」な農薬なんですよ。つくった本人は、研究に研究を重ねてつくったって言うてます。

もともと農薬というのは、毒性の強いものをつくって虫を殺すというやり方ですね。ところが、今の農薬というのはもっと進んでいて、我々の体にそれが入った場合はその物質は分解されない。で、そのまま小便で出てしまいます。ところが、昆虫の体の中にはその物質を分解する酵素があるんです。昆虫の体に入ってこれが分解されると猛毒になり、虫は死ぬんです。虫だけが死ぬ、こんないい薬があるか、と言う。黙って聞いてると安心だと思うわね。

ところが、不思議なことに分解酵素のない金魚がすぐに死ぬんですよ。何故か分かりますか？　金魚がミジンコ（昆虫）を食うでしょう。そのミジンコは猛毒だから、これを食えば魚は死ぬ。この農薬が海へ流れていったときに海の中のミジンコを食った魚を人間が食う。でも、人間はそのときは死なないのです。ただガンになるだけです。発ガン物質になるんです。

だから、込み入ったそういう物質がいっぱいつくられて、戦後の日本の農業っていうのは「害虫＝殺虫剤」です。それを、「殺虫剤」とは言わず「消毒」と言うんですね。毒を消すんですと。猛毒を撒きながら消毒とは厚かましい話です。ぜひとも、これは止めたいところです。こうして虫を殺してきたんです。

益虫・害虫、なんでもありのカメムシたち

せっかくの機会だから、カメムシを見てもらおうと思って持ってきました。カメムシちゅうのは、もともと稲の害虫として有名になった虫でしてね。イネクロカメムシというカメムシがあります。これをいかにして殺すかっちゅうのが、昔の日本の農業の一大使命だったんです。この虫の生活を徹底的に調べて、そしてこれをなくす。

それがなくなったとたん、アオクサカメムシとミナミアオカメムシ(9)

ミナミアオカメムシ

(8) ＭＥＰ（フェニトロチオン）と呼ばれる有機リン系殺虫剤。一九六〇年代前半に開発。

(9) アオクサカメムシと体形や生態が似ている。熱帯地方を起源とするが、地球温暖化のせいか日本列島での棲息域を拡大しているようだ。

が稲の害虫になりました。これをまた徹底的に調べて、結局、作付け時期を変えて対応するようにしたら、それがなくなったんです。

というように、なんか害虫が出るたんびに膨大な予算をかけて、専門の学者を呼んで研究をさして、その対応策を立てた。ほいで、うまいこと切り抜けてきたんです。ただ、そういう話は大事なことですよ。大事なことやけども無意味なんです。一生懸命学位とって生活してる人に「あれは無意味や」言うたら怒ると思いますけど、やっぱりあれは無意味です。何が無意味かっていうと、後ろを見てもらったら分かります。

そこに三箱、大きな箱に入ってんのが僕とこのカメムシです。カメムシをずーっと採り続けて五〇年です。どのくらいあると思います？　あの標本箱が実は二〇〇箱近うあるんですよ。きょう、その一部だけを持ってきました。

一箱は、果樹園芸の果樹につくカメムシの標本です。これは、みなさんおなじみのやつですね。こちらに細かいの置いてあります。これカスミカメムシ[10]というて、今やっと名前が付いたようなやつで、僕とこにその小さいやつだけで五〇箱ぐらいあるんですよ。そのうちの二箱だけを持ってきました。だから、僕の家がいかにカメムシで埋まっているかっていうのが分かるでしょ。

いちばん端っこに、とくに小さいのがあります。ハナカメムシ[11]です。こいつ、おそらく名前は聞いたことあると思います。スリップス[12]なんかの、ああいう連中を殺す天敵として大事なんかもしれません。今、企業が大がかりに培養して生きた農薬として販売してるはずです。でも、実物あんまり見てないと思いますんで見といてください。

こっちのやつがハナカメムシで、あとはカスミカメムシていう虫で、このカスミカメムシだけで日本国内に大体四五〇種ぐらいいるのが分かってます。その四五〇種のうちの大半は、農作物に関係あるんですよ。ほんで、なかには天敵になるのもあります。稲について汁を吸うて、黒点米っていうんですかね、そんなのをつくります。とくに去年（二〇〇〇年）は、新潟、山形、秋田の米どころで何億ちゅう損害がありました。その犯人はこのカスミカメムシで、こっちの二箱です。小さい虫です。よく調べてみたら、それをみな殺したら大変ですね。実は、雄は米について汁を吸うて黒点米をつくるのに、雌は昆虫を捕まえて蚊みたいに汁を吸うんですね。

そうやって雄雌で別のもん食って、天敵と害虫と、一つの種類で分けとるやつがいるんです。ある時期だけ農作物について害するけど、あとは動物をかじってるとか、あるいは死体の汁を吸うとか、そんなんがあってまったく分からんのです。そういう分からん虫が、実は最近やっと研究されてそれが四五〇種。カメムシの種類というのは、大体日本に一〇〇〇種以上あると思います。それが、それぞれみんな性格が違うんです。

こないだから、ウメに来るカメムシなんか調べてたら、クモヘリカメムシっていう細いやつあるんですね。これがだんだん増えてます。なんと、これなんかね、休耕田で大発生するんですよ。そして、そこで親になったやつが冬を越して、春にウメ畑へ飛んできて産卵するための栄養をウメでとる。そうなってく

(10) カスミカメムシ科には純肉食や肉食主体で草食を交えるものから草食主体で肉食を交えるものまで多様性がある。
(11) 二ミリ程度の小型のカメムシ。アザミウマなどを捕食するので、天敵として害虫防除に利用されている。
(12) スリップス＝アザミウマ（薊馬）は、アザミウマ目に属する昆虫の総称。微小で細い体型の昆虫で、翅は膜質でなく棒状の本体に細かい房状の毛が羽毛のように密生する形になる。英語からスリップス（Thrips）とも呼ぶ。現生種は五〇〇〇種ほど知られる。

ると、これの犯人は農水省ですよ。農水省がああいうような減反政策をするから休耕田が増えて……っていうようなこと言うたら、また怒られるやろね。

カメムシに呪われた家

ついでやから、もう一ついきましょう。

カメムシの仲間というのは口が針になっています。植物の体の中へ口を刺し込んで汁を吸うんです。これは蚊と同じで、汁を吸うときは必ず消化液を先に出すんです。

蚊なんかもそうでしょう。ただ口を突っ込んで蚊が血を吸うだけだったら、吸われただけで済むんです。あとで膨れてかゆくなるのは、口を突っ込んでその汁を吸うときに血を溶かす液を入れるんです。つまり、消化剤を入れるわけですね。消化剤を入れて吸うから、赤くなって腫れるんです。

カメムシもそうするんです。だから、カメムシに吸われると、穴があくだけでなくって消化液を入れられるから腐ってきます。カメムシの口は非常に細いから、果物は吸われてもまるっきり跡が分からない。分かってくるのは中が腐ってきてから。

いちばん悪質なやつは大きなカメムシで、口が長いから果物のずっと中を吸うわけですよ。だからカキなんか、店頭に並んでから中が腐ってくるんです。農家にとっても、そういうカキを商売にしている人にとっても厄介なんです。

このへんの果樹の害虫で、今いちばん悪いことをするのはチャバネアオカメムシです。それからツヤアオカメムシ。この二つが、実は今のところいちばん多いんです。非常に多くって、ときどき大発生します。

大体、カメムシは夏は幼虫の時期です。初夏に卵から孵って、夏期は幼虫で過ごし、秋になったら親になります。産卵時期が二か月ぐらい続くから、その間に幼虫はあとからあとから増えてきて、秋が深くなるとたくさんの成虫が出てくるわけです。

そいつはどうするかというと、まず親になるころ、ちょうどミカンとカキが熟するんです。カメムシにとっては非常に都合がいいわけです。親になったら、ちゃんとカキとミカンが色づいている。そして、そこでたっぷりと栄養をとる。

栄養をとってどうするかというと、みんなで南へ南へと移動していくんです。ほんとうに南へ移ります。集団で移動する場合も、何十匹か寄って（集まって）移動するときもあります。昨日までこの畑にいっぱいいたのに、きょうはカメムシいないという場合もあります。そうして、南へ移動します。

南へ移動したらどこへ行くかというと、和歌山県では潮岬を中心にして田辺から新宮を結ぶ南海岸線に集まります。なかにはへそ曲がりがおって、「そこまで行くの遠いから」と、日御碕《ひのみさき》あたりにおるのもあるけど、まあまあ大体、この太平洋に面した暖かいところに来ます。それで、チ

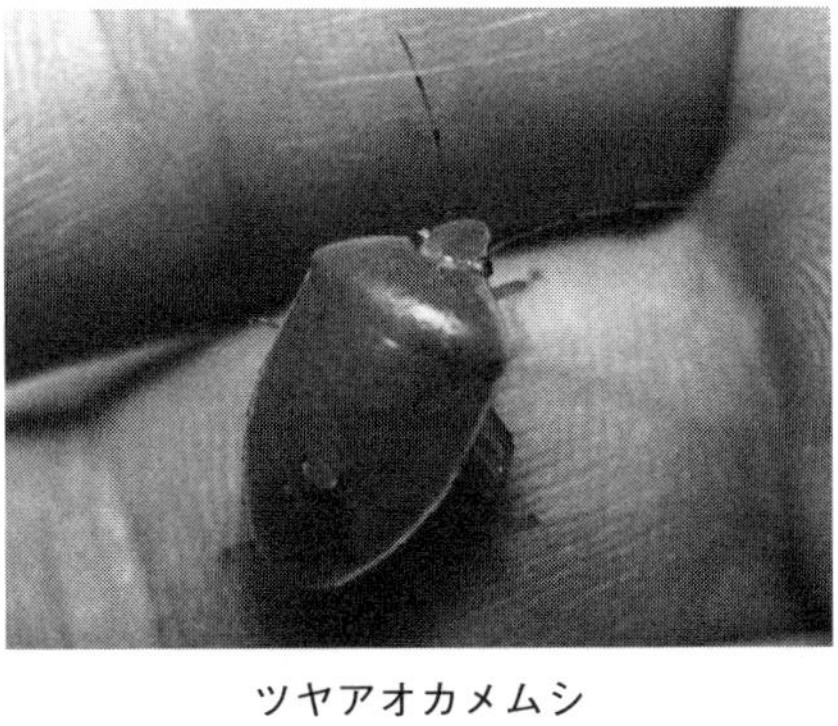

ツヤアオカメムシ

ヤバネアオカメムシはそこへ行って落ち葉の下に潜ります。で、冬を越すわけです。ツヤアオカメムシのほうは木の葉っぱの間に入ります。葉と葉の間に入って越冬します。

だからそのときに、僕らは秋の終わりから今年の発生状況はどうかということを全部調べるんです。そして、冬に調べていって、冬を越しているところでいったい何匹ぐらいいるのか、仮に一平方メートル当たり一〇〇匹もおったら大変です。まあ、考えてみてください。田辺から新宮までの海岸線で一平方メートル当たり一〇〇匹おったら、いったい全部で何匹おると思いますか？　数えられんでしょう。

そいつらが五月まで眠っているんです。五月になると目を覚まします。四月の末から目が覚めて、ちょこちょことあっちこっちの若葉の汁を吸うんですね。で、五月の一五日ころに一斉に動き始めるんです。

そして、どこかに集まります。これが、どこかは分かりません。分かったらいちばん世話ないですが、前もっては分からない。ただ、集まるところは集まったら分かる。少ない年で、大体一か所に三万くらい集まります。多い年は、大体オリンピックみたいに四年か五年に一回あるんですが、そのときには一か所に集まった数は、少なくて二〇万、多いときは四〇万ぐらい集まります。一か所でですよ。その場所が大体、四キロから六キロぐらいごとにいくつか点々とあるわけです。

その集結場所が山だったら山の木が全部枯れます。汁を吸われて、そしてその臭いでね。集まって、自分たち同士ぶつかったら臭いを出します。その臭いで葉っぱが枯れるんです。カメムシの臭いというのは猛毒ですから。

ときには、人家が集結場所になることがあります。そこの家はほんとに毎晩二〇万とか三〇万というカメムシが集まって、「さあ、行こう」と言って北へ移動します。明くる日、また同じ時間にやってきて夕刻にそこの家に集まるんです。すさみ町なんかで、「うちはカメムシに呪われた家や」と電話がかかったので行ってみると、屋根が全部緑です。棟瓦なんかも形が変わっているんです。裏の畑でマメをつくってたんですが、もちろんマメなんかとっくに枯れていますよ。竹でマメの支柱をつくっているでしょう、あれが全部緑の棒なんです。「すごいなあ」と言うたら、「まあ、先生裏見てくれ」と言うんです。裏に生垣があって、見たら生垣が全部カメムシなんです。僕の仲間が「おう、すごいなー」と言って生垣を蹴ったんです。そしたら、カメムシがバッと飛ぶかと思うたら、飛んだことはもちろん飛びましたが大半は仲間同士がぶつかって飛べないんです。それがバーッと落ちて、もうナイヤガラの滝みたいでした。

串本にそういう家がもう一軒あって、何と農薬かけたらどんなにかけてもこの虫が逃げるので、徹底的に殺してやろうと四〇〇倍の農薬をかけた。無茶ですね。殺虫剤というのは、普通二〇〇〇倍に薄めるんですよ。農家と違うからどうしたら死ぬかが分からないので、四〇〇倍にしたらだいぶ死んだ、と。そ

カメムシの死骸

りゃ死ぬで、人間でも死ぬ。

で、殺そうとしたやつの大半は飛んだけれど、残ったやつの死骸を集めたら黒い昔のゴミ袋が七つにもなった。それを軽トラックに積んだら入り切れなかったという。それをゴミの焼却場へ持っていったら、「こんな臭いものだめだ」と言われた。それで「どうしよう」とまた電話がかかってきて……。

カメムシのゆりかごはスギやヒノキの実

それからカメムシはどうするかというと、毎日移動するんです。何十万かが集まって、集まっては移動する。毎日、夕方から夜にかけて北へ移動するのですが、そのときに餌があったらそこで途中下車をするんです。途中下車して出発するときには、何万かを残してまた北へ行くんです。北へ行くにしたがって、だんだん減りますね。なかには、ぶちあたった自分たち同士の臭いで死んでいくものもある。それでもどんどん行って、調べてみたら、大体五年前に大発生したときにいちばん北へ行ったところは岐阜県でした。それから、四国の室戸付近で越冬したやつは鳥取のナシに大きな害を与えましたね。

何故、こんなに無茶苦茶にカメムシが多いのかというのが問題ですよね。カメムシだけではないけども、昆虫なんていうのは何年間かに一回大発生するものです。大発生すると、その虫を食べる動物、この虫に寄生するハチとかカビとかウイルスとかも増える。バクテリアもどっさり増えて、やがて大発生した明くる年は全部減ります。するとまた少しずつ増えていって、四、五年経ったらまた大発生する。これを繰り返すわけです。

このチャバネアオカメとツヤアオカメの幼虫の大半はヒノキの実につきます。スギの実にもつきます。これは、案外分かってる話です。至る所に植林があるから、そこで増えたやつがだんだんだんだんとカキとミカンの汁を吸いながら、南にやってきます。そして、紀伊半島の南、主に田辺から南のほうで冬を越します。もちろん、北のほうでも冬を越すんですが、集中的に南が多いんです。多い年は面白いほど多いです。秋なんかも、体に電灯をつけてカメムシを集めたら体中がカメムシだらけになってました。僕はなっともないけども、まあまあ、作物荒らしに来たサルは逃げっ飛んでしまいますね。

そんなにたくさん冬を越して、大体五月の中ごろにどっかへ集まるんです。集まる場所はカメムシのなかでは決まってるみたいで、毎日同じとこに集まって、一つの集団になって夕方に飛びます。その移動時期をちゃんと調べておいて、そして通る前の日に、ほん薄い農薬か殺虫剤でもパッとかけとけば、そこへは降りてこないです。要は、臭いさえすればいいんです。ほいたら、被害はなくなります。

ただ、去年（二〇〇〇年）は非常に多かったんですが、内陸側が寒かったんで海岸線を通って紀南から飛んだやつが、いきなり美浜町とか由良町とか、あのへんに大量に上陸してますね。おそらく、大変な被害やったと思います。

しかし問題は、そうやって対応するのは抜本的な解決法やないということですな。ちょうどええときに、「ああ、

ヒノキの球果

あいた（明日）ここへ来る」って分かってる人がおって、「ここ今、農薬かけといたらいいで」って言うてくれたらそこは助かりますが、それ以外のかけなかったところに被害が集中することになります。しかし、これはおかしな話やから、大発生しないようにするのが本当の対応策ですわね。

何故こうなったかというと、自然が壊れたからだと言えます。この自然の壊れた一番の原因が植林です。スギやヒノキの実がカメムシの餌になるんです。ツヤアオカメムシとチャバネアオカメムシの幼虫は、植林のヒノキの球果の汁を吸って大きくなります。よく調べてみたら、何と一つの球果で五、六匹が親になれるんです。だから、どこへ行ってもヒノキの木がゆされこむ（揺れて垂れ下がる）ほど実がなっている。何億という数が簡単に増えるだけの潜在能力がある。だから、今はまだまだ少ないほうですよ。

スギやヒノキが毎年たくさんの球果をつけるのは、大半の植林地のスギやヒノキが枯れかかっているからです。だから、木のほうは子孫を残そうと花をつけて、たくさんの花粉を飛ばすんです。人は花粉症になり、その実にカメムシがつく。だから、花粉症とカメムシの問題は根が一緒なんです。

スギ花粉（撮影・楠本弘児）

これで分かるでしょう。もちろん、花粉症は花粉が直接の原因ではないです。何故なら、スギやヒノキをたくさん植林している山村の人は花粉症にならない。おそらく合併症です。汚い空気で生活して鼻粘膜を壊してる人に花粉がかかると花粉症になる、ということだろうと思いますがね。

いずれにしたって、当分の間、花粉は収まらんですよ。これから花粉の増えることはあっても減ることはないです。ときどき、僕は高等看護学校の講師に行ってるんですが、「お前ら当分仕事はなくならん。これからわけの分からん病気がいっぱい出てくるから、看護師だけは仕事は安泰や」と言っておだてたりくさしたりしてます。

虫で知る自然環境のバランス

もうちょっとその原因を深く言ったら、戦後日本の、いわゆる国土緑化政策というのが原因なんです。しかし、これは大変なことです。当分、何年かにいっぺんは必ずカメムシと付き合いをせんなんことになります。そのたびに、ここの農協関係だったら全部合わせた被害額は一〇億とか二〇億とかちゅうことになると思います。

ま、そういうように、言い出したら果てきりなしにいっぱいあるんですけども、いずれにしたって、なんか和歌山県というと海がきれいで、山がきれいで、水もきれいで、空気も美しいんやというようなことを盛んに謳い文句にしています。とくに、熊野古道なんかのね。いかにも和歌山県にはすばらしい自然があるかのように言いますけど、今言ったようにちっともええことないです。もとがよかっただけに、今は非常に危険な状態です。

だから、鳥が減ってしまったし、昆虫も減ってしまったと。ここまで減ってしまったら、そういう一部の害虫の大発生というのはどうしても止められんです。

あの、今から一〇〇年前までの人は、山が荒れると必ずヤマモモ[13]を植えて自然を回復させたんです。やっぱり、そういう日本人の知恵にもういっぺん戻って、日本人のつくってきたそういう本来の、生きものを大事にした農業ちゅうのをある程度考え直す時期に来ているんじゃないかな、と思うんですけども。

最近、近代化、近代化と言いますがね、この「近代化」というのが本来の目的を狂わした。畑や田んぼの草取りは、草を取るのが目的ではないのです。あれは、掘って土の中に空気を入れて、そして土の力をつけるのが目的なんです。だから、掘らなければ意味がないのです。草を枯らしては意味がないのです。除草剤というのは草を枯らすだけなんです。

あるいは、昔の農家は牛を飼いました。馬を使った人もあるけども、ときどきそれを労力に使った。そしたら、餌をやらんでもいいから耕運機のほうが得やというて今は耕運機です。たしかに便利ですが、牛を飼う本来の目的は労力として使うだけではなく肥料をつくることにもあったんですよ。堆肥をつくるのが目的で、ついでに労力にも使う。昔の日本人というのは非常に知恵があるから、一つのことをやってい

ヤマモモ

くつかの機能を果たすようにした。

最初に言いましたように、和歌山県というのは北と南で国が違うほど気候が違うんです。自然環境が違います。だから、その地その地で、そこに合った農業というのを考える必要があるんだろうと思います。そりゃあ、みなさんがやるしかないんです。僕はここでヤイヤイ言うだけのことで。言うのは簡単です。僕は今でも言いますけども、ほいじゃあ、おまえ、どうすんの言われたら僕は知りません。僕は、虫から見てるだけで、虫のほうはというと、「もうすでに、非常に和歌山県の自然は危険や」って言うてるんですよ。

害虫、昆虫、あのカメムシなんか見てたら、昔からカメムシが多い年と少ない年あったんですよ。自然界はそういうものなんですよ。ウメが良い年と悪い年と波があるのと同じなんですよ。ただし、自然環境が壊れてくると、いわゆる生態系が壊れるとその波が大きくなります。だから、少ないときはほんとに少ないし、多いときは無茶苦茶に多くなる、と。その多くなったときは大変なことになるだけのことです。これは、人間が招いたことです。

本来のいい自然があるところでは、そういうことはなかったんです。いいですか、ちょうど川の水と同じだと考えてください。雨が降らなかったら川の水がなくなるような川は、大雨が降ったら水があふれて

---

(13)　本州の南西部・四国・九州・沖縄の暖地・沿岸域に生育する常緑の高木。台湾から中国・フィリピンにも分布する。樹高は二〇メートルほど。雌雄異株であり、果実は夏に黒赤色に熟す。根粒菌と共生しており、空中窒素の固定能力がある。昔から治山植栽の代表樹種。ウバメガシと混植することもある。

洪水になります。しかし、本来のいい自然林があれば、大雨が降っても日照りが続いても川の水量は一定に保たれるものなんです。自然の仕組みというのは、これとまったく同じだと思ってください。

だから、「これは害虫やから困るんや」と言いながら毎年虫が少しずつあるのはすばらしいことなんです。それを薬でなくする、何か人間の手を加えてなくすると、増えるときは増えすぎるわけです。だから、僕らが毎年カメムシを調べていると、いつもこれくらいあるという定量がだんだん狂ってくるんです。

こういう大発生になって農業ができなくなるという事態になることは、僕は今から三〇年くらい前から分かっていたんですが、いくら言っても誰も聞かず、今になってみんな困っています。

なんかこんな話すると、お先真っ暗ですね。でも、おそらく明るいことはないです。だから、やっぱり、「自然を見る目」というのをまず養って、一般のマニュアルにない、その地域特有のマニュアルというのをつくって、ほいてがんばっていただきたいと思います。

どうもありがとうございました。

後藤伸と私

「雑多な種の共存、均衡」を理想にした自然人

堀　修実
（紀南農協勤務）

上富田町農協で営農指導員をしていた一九九〇年代の前半、カメムシが異常発生してミカンやウメなどに大被害が生じたという時期がありました。その対策を模索していたとき、上司の（故）下畑和男課長が「知恵を借りよう」と言って連れてきたのが後藤先生でした。

先生が提唱したのは農薬を使わないで駆除する方式で、夜間にカメムシの好む光を出すブラックライトという灯火を戸外で灯し、その下に置いた水盤に落ちてくるカメムシを溺れさせるという方法でした。水の中に洗剤を少し入れておくと、すぐに溺れると教えてもらいました。

害虫対策は、農作物に虫を近づけないのが常識です。ところが、ブラックライトは逆に害虫を呼び寄せることになり、通常とは逆の方法となります。このため農家の反発もありましたが、実際にやってみるとカメムシがものすごく捕れるのです。それで、上富田町農協管内ではブラックライト方式が一挙に普及し、ライトを何百本かの単位で発注したのを覚えています。この活動を農業雑誌に投稿したところ、全国からたくさん問い合わせが来ました。

カメムシの発生を予測するため、年に二回、ウメとミカンの実りの前にはブラックライトによる予察[1]を、

後藤先生と毎年のようにやりました。高畑山へ出かけてライトを灯し、カメムシの集まり具合でその年の傾向を判断するのです。

多い年には、「今年は異常だから警報を出そう」となります。異常発生した年の高畑山での予察のときに大群に遭遇し、「これは、高野山のほうに向かうな」と先生が興奮しながら話していました。さまざまな種類が飛んでくるので新種が見つかったこともありますし、僕も日本で二匹目になるというカメムシを捕まえたことがあります。

ウメ枯れについては、当時、僕らも「梅の生産性に見合った、土づくりや灌水などの生産対策ができていない」という結論でした。公害ではなく天災と人災だから対策は立てられると思って、「雨が降らないなら水をやろう。堆肥をやって保水力を高めよう」と農家を指導しました。費用対効果は別にして、対策をとった農家はやはり改善しましたね。

僕らは、「プロの農家ならできる範囲で対策を講じよう」というスタンスでした。これは、後藤先生の影響を受けてます。また、「ギブアップしない。ギブアップさせない」ということも先生の教えにあったと思います。

予察の間にカップ麺などを食べながらの雑談で、先生からいろいろな話を聞きました。カメムシが大発生するのは、戦後の拡大造林に原因があり、適切に植林されていた昔は大発生はなかったこと。国の補助金で増やしすぎた植林は「補助金で伐らなあかんな」というのが変わらぬ主張でした。自然林がいっぱい残っていた時代は山の保水力も優れていたという話も何度か聞きました。そして、一気に繁殖したセイタカアワダチソウなどがいつの間にかスーッと姿を消す（一八〇ページ参照）のを例に挙げて、「このままだと人類もなくなるよね」というような話もしていました。

「いろんな種が共存し、雑多ななかで均衡が保たれているのがいい」という理想の自然像も記憶に深く残っています。

先生には、高校生のころに生物を教わったのですが、正直言ってあまり印象には残っていません。しかし、カメムシ対策で行動をともにした先生から聞く動植物や自然の話は、ユニークとしか言いようのないものでした。年齢の割には少年のようなところがあった先生は勤め人には向かず、退職して肩書きが取れてから本来の味が出たんだと、生意気にも思っています。

（1）あらかじめ察知して、前もって推察すること。

第3章 常識を覆す生きものたち

［1. 紀伊半島　2. 古座川　3. 本宮町］

霧たちこめる紀伊半島の山々

紀伊半島

近畿地方の南部、太平洋に突出する日本最大の半島。地勢的には紀ノ川と櫛田川を結ぶ中央構造線以南を指す。しかし、生物相から言えば、広範囲な植林による紀伊半島の乾燥化により特有の生物相を有する地域は縮小し、現在では熊野古道中辺路ルート（現在の国道311号とほぼ重なる）以南まで縮小したと後藤は述べている。

この章では、１節で、紀伊半島に共通する「生物たちの変わった営み」を紹介。２・３節で、後藤のメインフィールドだった大塔山の麓の「古座川」と「本宮町」を例に、南紀の生物の不可解な「何故？」を究明する。

1 生物相から「紀伊半島の特異性」の謎を解く

一九九九年八月二〇日 「紀伊半島における生物相の〝特異性〟について」
日本蘚苔類学会講演（白浜町）

熊楠も魅せられた生物相

きょう、話させてもらうのは、僕が一九五〇年代の終わり頃から言っている話ですので、ちっとも新しい話ではないです。

何故そういう昔の話をいまだに言い続けるかと言いますと、紀伊半島の生物相は大きく言って教科書的でないんです。どう調べても、調べれば調べるほど日本の生物相と何かが違う。初めは、「（紀伊半島の生物相は）変わってる」と僕は思ったんです。

最近、南方熊楠《みなかたくまぐす》さんの資料をいろいろ調べてみると、どうも南方さんもそう思ったみたいですね。僕は南方さんのまねをしたわけではまるきりないのですが、僕が回ったようなところは南方さんの回った自然とほとんど同じなんです。同じようなところを同じように回って、何となしに田辺に来て……。

僕も、田辺の人間ではないんです。たまたま田辺に来たら非常に住み心地がよくって、みんなが大事にしてくれて、だからそこに住み込んだ。しかも、フィールドがけっこう近い。そのへんまでは南方さんと同じなんですね。ただ、僕はちゃんとまじめに仕事しましたよ。南方さんは、ほとんど収入になる仕事はしなかったみたいですけど。

で、まあまあそういう話をし続けてきて、学会では何回か喋るたびにひんしゅくを買いました。ひどい話になりますと、「実は、紀伊半島にはこういうものがおるんや」と実物の昆虫の標本を持っていったら、「そんなのおるはずがない」と言うんですよ。そういうことが度々あって、僕のこれまでの人生というのは、自分の言うのが正しいんやということを精魂込めて語り続けた人生でした。

「海岸のカモシカ」「冬眠しないクマ」は普通の話

何年か前に、カモシカの食害問題というのが全国各地で起こりました。問題は、そのカモシカの棲むところまで植林してしまって、県内のデータを見てみたらカモシカ棲め

◇南方熊楠（1867〜1941）◇

南方熊楠顕彰館所蔵

博物学者、生物学者、民俗学者。和歌山市出身。アメリカ・イギリスに渡り、大英博物館東洋調査部に勤務。科学雑誌〈ネイチャー〉に日本人として初めて寄稿。帰国後、田辺を終の住処とし、変形菌類（粘菌）のほか動植物、昆虫など、あらゆる生きものの生命を研究。また、古老や市井の声のなかから民俗学的な報告も発表した。神社合祀で次々と伐採される鎮守の森を守るため、反対運動を展開したことでも知られる。著書に「南方閑話」「十二支考」「南方随筆」（『南方熊楠全集』平凡社、1971年）などがある。

るところがないわけですよ。そういう時代の調査のなかで、紀伊半島のカモシカがどこにどう棲んでいるかということを調べよ、という話が文化庁からありました。

調べたら、紀伊半島では山奥だけでなく海岸にもおるわけですよ。海岸の、海抜五〇メートルぐらいの岩山にも棲んでるんです。土地の人に聞いてみると、「ここらには昔からおるんや」と言うんです。ただ、崖地のウバメガシのなかにひっそり入ってるから邪魔にもならんし、それ、当たり前やないかというような話です。それで、僕らでも知らなかったことがだいぶ明らかにされてきました。

ところが、こんな話をもっていくと、「ああ、山が荒れたからだんだん海岸へ出てきたのだろう」と解釈されますね。でも、それは間違いでして、ほんとは、どうやら崖地はカモシカ、少し平坦なところはシカと、ちゃんと棲み分けながら暮らしているようです。人間は、それを不思議じゃないと解釈したほうがいいんじゃないかと思います。

そういうように見てくると、僕たちが紀伊半島でクマと合うときはほとんど冬でした。よく人家のはたへやって来て。

カモシカ調査（1975年ごろ、黒蔵谷にて）

野生のミツバチを誘い込む蜜桶が置いてるんですよ。これ、山へ行ってもらったら見えると思います。木の洞のようなものに屋根をかけて、ミツバチが入るようにして置いて、勝手に入るのを待つわけです。その中に、ミツバチが巣をつくる。で、冬になるとクマはそれを食いに来るんです。おそらく、餌が少ないからでしょうね。

これ、普通の話です。ところが、冬にクマが人家のはたへやってきて餌をとるという話をしたら、「それじゃ、冬眠どうするんな」と言われましてね。冬眠はしないんです。冬眠したら餌取りに来んでええのにね。クマは冬眠するという常識は、事実とズレがあるんですね。

そういう話をいろいろしておったら、最近になってこりゃ紀伊半島は面白いとなったんです。で、ヤマネなんかも本来ブナ帯の動物のように思われていますが、そのヤマネは、ちゃんと調べてみたら実はシイ林の中に棲んでいました。海抜一〇〇メートル前後のシイやカシの林の中におるんですよ。そういう事実があちこちで言われてくるにしたがって、紀伊半島をもっと調べてみようという輩《やから》が出てきました。

モグラとネズミに見る不思議な棲み分け

僕らが普通に「モグラ、モグラ」と言っていたモグラは西日本のコモグラというモグラですが、通常、関西地方はほとんどコウベモグラといって、少し大きいんです。それに対して紀伊半島のやつはちょっと小型なので、コモグラだろうと思われていたんです。で、そのモグラを捕まえて専門家に調べてもらったら、実はアズマモグラでした。

アズマモグラというのは、岐阜県を南限にした北日本のモグラです。「それが、何故紀伊半島におるんな?」と、いろいろ説明をつけたり説明しようと試みるんですがね……。そのアズマモグラのことが分かってきて、ますます紀伊半島は変わっている、不思議なところやと言われるようになってきました。

最近分かったのですが、ヤチネズミなんかも調べられました。ご存じと思いますけども、ヤチネズミとスミスネズミは、中部地方の高山地帯では大体二〇〇〇メートルぐらいから上をヤチネズミ、それより下をスミスネズミというように棲み分けているんですね。これ、生態分布のうえでいい例だとして教科書にも出てくるんです。その中間地帯はどうなっているかというと、ある程度入り交じりながら境界線が大体引けるわけです。

ところが、紀伊半島の場合は最高の高さが一九〇〇メートルですから、どうしてもスミスネズミの圏内になってしまうんです。それで調べてみたら、ちゃんとスミスネズミが頂上まで棲んでいます。じゃ、何も文句ないじゃないか、ということになるんですが、ところがその上に棲むはずのヤチネズミが実は下に棲んでるんです。紀伊半島南端のほうの、標高一〇〇から二〇〇メートルにたくさんいます。

それでは低いところにしかおらんのかというと、そうではなく「雲の中」にもいます。そのへんは、ちっとも棲み分けをしてないみたい。これは僕が調べたわけではないので、これ以上の詳しいことは分かりませんが。

で、たとえば先ほどのモグラの場合ですね。もともと日本に、近畿地方一円にアズマモグラというのがおって、あとから大陸のほうからコウベモグラという大きいのが入ってきて、それがずーっと生活圏を拡げていったら紀伊半島の南部と東北地方以北を除いてあとの大部分がみんなコウベモグラに占領されて、コウベモグラばかりになった。こうやって説明すれば、こじつけはできます。

もっとひどい話になると、たとえばヤチネズミとスミスネズミの場合は、日本に本来ヤチネズミがおって、スミスネズミがこのヤチネズミを追い上げた。紀伊半島の場合は南へ追い下げたんやと説明したら、それで説明つかんこともないんです。現に、それで納得してくれる人もおるみたいです。

海抜一〇〇〇メートルの高山性植物

ところがですね、植物なんかをこれにひっかけてみると話が合わなくなってくるんです。たとえば、山の上に多いシャクナゲですね。このへんもホンシャクナゲが多いのですが、あのホンシャクナゲの分布を見ると、近畿地方では中央部へ行くとほとんどが一〇〇〇メートル近い山の上に群落をつくるわけです。もちろん、下りてくることもあります。おそらく、五〇〇～六〇〇メートルぐらいの標高まで生えているだろうと思います。

ところがですね、このホンシャクナゲ、だんだん紀伊半島の南へ行くにしたがって生えてる標高が低くなるんです。「奈良県の南へ行けば、一〇〇メートルくらいのところに生えてるやないか」とか……もうご存じのことと思います。これが、もっと南へ行くと、もっと下がるんです。熊野川の河口域では「下流が山奥になるところ」（一二七ページ参照）ですけれども、海抜三〇メートルのところにホンシャクナゲの大群落があります。

この間見てきたのですが、古座川の下流域では海抜一〇メートルから生えています。たしかに、これを確認してきました。けっこう遠慮なしに大きい木で、ホンシャクナゲが自生しています。そうなると、この動物の分布とあわせて、簡単に説明つけるのはおかしいんじゃないかと思います。

みなさんが明後日行く予定の大塔山系のあのへんの山、山そのものはそれほど高い山ではなく一〇〇〇メートルそこそこですけども、けっこう谷が深くって地形は込み入ってるんです。そのいちばん谷底にヒメイワカガミ（三〇ページの写真参照）の大群落があったんです。今は林道になって、潰されたんでお見せできないんですが、海抜三〇〇メートルぐらいのところにあったんです。もちろん、もうちょっと上はまだ残っているのですが、いちばん大きな群落が全部潰されてしまいました。

大体、谷底に林道つけてヒメイワカガミの群落が潰されるというのは、潰すほうも潰されるほうも気がつかなかったんでしょう。そのへんは、植物の研究者がかなり入っているんですよ。みなさん入りながら、それを踏みながら、それがヒメイワカガミであることに気がつかなかったと思います。ほんとにたくさん生えていたのでね……そんなところでした。

垂直分布のモノサシでは計れない

西南日本でもきれいな垂直分布があって、たとえばブナ帯の下にモミ・ツガの中間温帯[1]があるというようなことはよく教科書に出てきますね。しかし、あのモミ・ツガというのは、どうやらもっと下のほうでもあったみたいですね。「あったみたい」というより、ありました。今もあります。

モミやツガの生える標高というのは、熊野川筋では今残っているのが三〇メートルぐらいのところです。つまり、山のいちばん下まであるということです。それも伐り残したのが今残っているわけですから、おそらく昔はもっと下にたくさんあったはずです。

ツガの木（撮影・楠本弘児）

さっきも言いましたように、僕はこっちの人間ではなくて、和歌山県の中部の海岸線の生まれです。けども、僕の生まれた家は一〇〇年ぐらい前に建てた家で、その建材の大部分がトガ（ツガ）を使っています。親がかなり自慢していまして、「こういうトガ普請(2)というのは今後もう造れん。建材出ないから大事にせなあかんで」と言うて、「これみんな、うちの山に生えとったんや」という話を聞きました。

(1) 冷温帯と暖温帯の中間に位置する地域。モミやツガ林が中間温帯の代表的な植生とされている。

(2) 栂《ツガ》は、関西では「トガ」の呼び名で親しまれている樹種。西日本では、昔から最高級の材料を使った数奇屋として「トガ普請」は有名。針葉樹のなかではとくに堅いこと、ほぼまっすぐに通る木目が鮮明なことなどが特徴。

　だから、ツガなんていうのは海岸に近いところにたくさんあったもんですよ。それを海岸線から順番に伐っていったから上だけ残った。で、ブナ帯の下の、手の届かんところに帯状に残って生えているからといってこれを中間温帯というのはおかしい。僕の言いたいのは、そういうことなんですよ。

　こういうようなことを大まかにつかみながら、紀伊半島の山の中を調べてみますと、カシ林なんていうのは果てきりなしに上まで上がっていくんですね。とくに、海岸に多いウバメガシなんていうのは（これはまあ、普通のカシと違いますけども）、一〇〇〇メートル超しても非常に元気に一次林をつくります。なんであれを海岸の植物と決めたのだろうと、僕らには分からんのです。和歌山でうっかり、「これは海岸に多い木で山奥に少ない木」などと言ったら炭焼きさんが怒ります。備長炭は、山奥でばっかり焼いてたんですからね。山奥に非常にたくさん生えてます。とくに、熊野川源流域の十津川流域とか、和歌山県南部の川の源流域にはほとんどのところにあります。

　このウバメガシについての分布が表向いた本にはほとんど

トガ普請の家

載ってないので海岸線の植物や、となるわけです。奥へ行けばウバメガシはたくさんあるんですから、大木もいっぱいあるんやから何も文句の言いようないわけですが……。

そうやってかなりカシ類が上へ上がる。上がり方を見ていますと、たとえば一〇〇〇メートルを超すような山へ行きますと、やっぱり七〇〇～八〇〇メートルから上は森林を伐採するとほとんどブナが生えるわけです。ブナが生えてくると、そのブナの森林の中にカシが生えてくる。そして、そのカシがだんだん増えてきますとブナが少しずつ勢力を弱めてきます。

僕が最初に見たのは、大塔山の頂上とか法師山といった紀南の山です。そういう大塔山系の山で、最初に上ったときは非常に大木で、直径一メートルほどのブナの森林なのに薄暗いんですよ。なぜ薄暗いかと思ったら、下がカシ林なんです。だから、林冠にブナがあって、ブナの下がアカガシです。もちろん、ウラジロガシとかサカキ、シキミなども入ってくるわけですけれども、一緒に深い森林になってるんです。

そういうのを最初に見て、ほぼ一〇年か二〇年にいっぺんずつそういう森林を見てましたら、現在ここは完全なアカガシ林に変わってしまって、ブナはほとんど少なくなってきました。このままでいったら間違いなしにブナ林は消滅する。それじゃブナ林はどうなるかというと、北向きの斜面に残るんです。だから、「垂直分布ではなしに、環境によって分布が変わる」ということがこういうところの特徴ではないかと思います。

ただ、分布が一目見てはっきり分かる違いというのは、大塔とか紀伊半島の南端部の谷間に入りますと、谷間がかなりはっきりした落葉樹林になります。サワグルミ[3]とかトチノキとかの、みなさんがコケを採るときはそういう大まかな森林対象を見ながら採集されるんだろうと思うんですが、そういう谷間にはたくさんの落葉樹が集中して入っていて、冬に行くと谷間だけが落葉樹で紅葉するようなところもありました。「ありました」と言うのは、いったん伐採されますともとへ戻らんのですね。ただ、下も上も落葉樹が出てくるからはっきりしなくなりますが、本来の紀伊半島の森林はそういうものでした。

サワグルミなんかは海抜三〇〇メートルぐらいの谷間に生えていて、暖かいところの植物がけっこう上へ上がって、寒いところの植物が下へ下りてくるとなると「逆転や」という話もありましたが、逆転と言うのもちょっと合わんかなと思います。実際に入ってみたら、谷間は非常に涼しいみたい。ああ、これやったら、涼しいところ、寒いところに適した落葉樹が生えるのも当然だろうなということになる。まあそれも、実際に行ったときに見ていただいたらいいと思います。

照葉樹林に混在する南と北の虫たち

僕は本来虫屋でして、ほとんど昆虫ばっかり、とくにカメムシを追い回しているわけですが、カメムシから山のことを考えるという習性になってるんです。それで、虫を採っていますと紀伊半島の虫はほんとに面白い。なにしろ、何が採れるか分からんのです。いまだに新しいジーナス（属）の種の虫が出る世界です。

さっきちょっと「学会へ持っていった」という話をしましたが、最初に持っていったのはこのチョウのようなガです。非常にきれいなガでしてね、昼間に飛ぶんです。五月の末頃、このへんの山の、ちょっと自然林のいいところでは曇った日なんかに飛んでるんです。そいつを捕まえて持っていったら、フジキオビというんですが、日本ではまず一五〇〇メートル以下では採れないものです。富士山の五合目以上とか那須高原とか、西日本では石鎚山とかというところでしか採れない、かなり有名なガなんです。

もちろん、そいつは南、紀伊半島では大台ヶ原のてっぺんにおるんですな。そこから南は、大塔の上にはおらんのです。しかし、下にはおるんです。上で採れないからおらんのだろうと思ってるか分かりませんが、麓で採れています。それがなかなか信用されなかったんで、僕はこういう虫を徹底的に探しました。

たとえば、照葉樹林帯に棲むクロシオキシタバとか、オキナワルリチラシとかというきれいなガです。このクロシオキシタバというのは、黒潮の直接当たるところで採れてるところからこの名前が付いているんです。幼虫はウバメガシを食います。さっき言ったように、ウバメガシは紀伊半島では山奥の山の上まで生えているから、もちろんそのガは山奥まで棲んでて、一〇〇

フジキオビ、開長48㎜

クロシオキシタバ、開長62〜66㎜

（3）北海道・本州・四国・九州に分布する落葉高木。冷温帯域の渓畔などに生育。ブナ林域の渓谷林や渓畔林の主役のひとつ。

○メートルを超すところにまでたくさん棲んでいます。

オキナワルリチラシなんていう照葉樹林帯の昆虫なんかは、幼虫の食べものがサカキみたいなツバキ科の植物なんです。だから、餌はいっぱいあるわけなんです。ところが、普通には発生しないというのは、結局、森林の広がりとかその照葉樹林がつくる気候そのものが影響してるんではないかなと思います。で、紀伊半島にはたくさんおるんです。

奈良の春日にもいます。途中はないんです。だから奈良の人は、あの春日の森というのはものすごい寒いところの昆虫もあれば、温《ぬく》いところの昆虫もある、あんないいところはないと喜んで採ってるんです。で、それと同じものを探そうと思えば、紀伊半島の南半分でいくらでも見つけることができます。

結局、それはつなげて考えないとうまいことといかんと僕は思ったわけです。そこでちょっと調べているうちに、全然つながらんやつがいくつか出てきます。ちっとも、北と南とがつながらん。

たとえば、エゾヨツメという山繭の仲間の小さいガです。「エゾ」って言うんやから、北海道の名前が付いてるわけです。まあ、いわば北日本の昆虫で、沿海州（シベリア東南部で日本海に面する地方）に多いものですが、これが紀伊半島の南におると気がついたんです。一九八〇年ごろに少し金が入ったので、

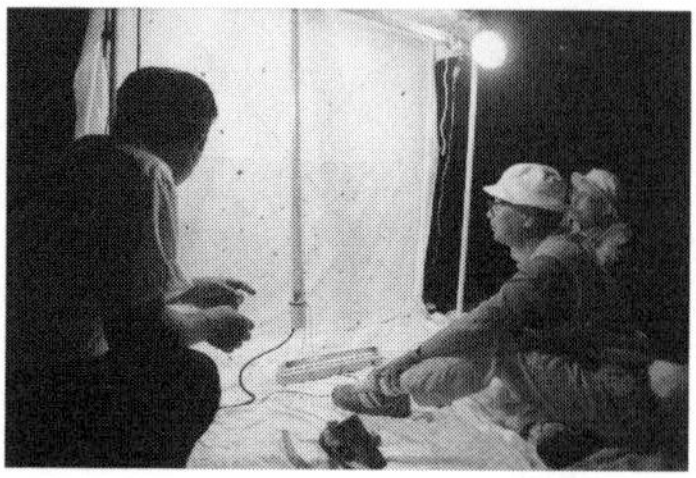

ライトトラップ（灯火採集）

エゾヨツメ、開長72～95㎜

発電機を買って晩にガを集めるという仕事をしたんです。そしたら、四月の末に田辺でこのガが飛んでくるんです。おそらく、奈良と和歌山の県境あたりまで入らなければ採れないガがなんで田辺におるんだろうと思って……。しかも、ボロボロなんですね。ああ、遠くから飛んできたな、と思ってもみたんです。

で、翌年三月の初めのたいへん寒いときです。見てみたら、海岸線でたくさん採れるんです。「こりゃ大変や」と言うて、こういう仲間がおる古座川の人たちに声をかけて調べてみたら、古座川では二月に採れるんです。こんなおかしなときに虫がおるのかと思いまして、冬中、夜ライトトラップでずーっと続けて採ったら熱帯のものが非常にたくさんあふれてた。と同時に、北のやつが稀に採れました。

それで、いったいエゾヨツメの幼虫は何を食《く》うのかと少し詳しく調べてみようと思ったんです。図鑑ではカシワを食うことになってるんですが、こちらで幼虫をいろいろと探していたらウバメガシの葉を食っているのが分かったんです。

おそらく、寒い氷河時代に日本の南端まで来たこういうグループが、暖かくなるにつれて食物の移動とともに北へ帰りましたよね。そのときに、一部のやつがカシワにいちばん近いウバメガシに食いものを乗り換えてここに棲みついたんだって説明したら、ああ、なるほどって説明はできるんですが、それじゃその温《ぬく》さはどうするんな、となるわけです。

で、結局、北海道の初夏の気候っていうのは紀伊半島の南端では一月末から三月頃の気候になるんです。そう言ってしまえば話はそれで済むんですが、そういう虫がたくさんあるということは何故なのかっていうことになると、やっぱり壁に突き当たるわけです。

「水の自然」という視点

いろいろな人がいるんですよ。珍しい動物や植物が見つかるたびに、「これは氷河時代の遺物や」と言うんです。「結局、氷河時代に南までやってきたやつが残っているから珍しいんや」と。もし、それが本当の原因だとすれば、何も紀伊半島だけに残ったわけではないですよね。四国・九州も陸続きになっていたはずですから、それが何故紀伊半島だけに残っているのか……。

さっき話した、南のやつが山の上まで上がっていてるとか、寒いところのものが下まで下りてきたとかという話は、日本全国どこにでもあるんです。決して珍しい話ではないんです。ただ、それがみんな揃っているというあたりが紀伊半島だけの特徴ではないかなぁと思います。そうなると、そういう寒いとこのやつが来たときに何故紀伊半島にだけ残ったのかというところを突かなければ、本当の原因究明にはならないだろうと思います。

それで、おそらく紀伊半島の南のほうの込み入った地形が大きな原因のひとつだろうと思ってます。けれど、四国・九州も見てきましたけれど、日本の地形って、どこへ行っても込み入ってないところはないですね。崖はどこにでもあるし、何も紀伊半島だけが特別ということはないと思います。ところが、ちゃんと紀伊半島には棲んでいるんですね。

前にも大塔の山関係の自然保護問題で、本宮寄りの川縁にコウヤマキのいい森林があったので、それをスライドにして生態学会で喋ったんです。紀伊半島にはこういうのがあるんです、こういうのが本当の貴重な自然のひとつや、という話をしたら、みんなえらい感激してくれて、スイスの先生が「いや、わしとこの山にもこういうのがあるんや」と写真を見せてくれたんですよ。同じなんですよ、見た目の感じが。もちろん、生えてる木は違いますが、同じように生えてるんですよ。聞いてみたら、海抜一六〇〇メートルでした。うちのほうは海抜一六〇メートルです。もちろん、下はウバメガシが主体ですね。それくらいの違いというのを、やっぱり何とかしっくりいくような説明ができないものかと思いました。

やっぱり今まで考えて、日本のこういうことを考えるときには、ヨーロッパから入ってきた温量指数(4)を中心にした考え方を見直さなければいかんだろうと思います。やっぱり、紀伊半島の場合は雨量が大きく響くはずで、大体、こういう問題に「雨量」とか「湿度」というのがまったくこれまでの考えには入っていないわけです。これに重きに置かなんだらダメです。僕は、これを「水の自然」と言っています。もともと日本人にはこの視点があったのですが、明治以降の近代教育で失われたのです。

コウヤマキの森（撮影・楠本弘児）

（４）生態学者の吉良竜夫が提唱したもの。「暖かさの指数」と「寒さの指数」からなる。降水量や湿度はこの指数では考慮されない。

四国や九州はもっと雨が多いです。この間からの雨の降り方を見ても、紀伊半島よりも四国のほうがはるかによけい降りますね。この間も四国へ行ってきました。どうも、四国の人の採る虫とこっちで同じ標高で採る虫があまりにも違いすぎるので、よう探さんのやろうと思って出かけていって自分で見てきました。やっぱり、いないです。七〇〇～八〇〇メートルまで登らなければヤマグルマ[5]は出てこんし、シャクナゲも山の上に登らな出てこんし、下には生えていなかった。

室戸とか足摺へ行くとちゃんとシイ林があるんですが、かなり単純な、本当のシイの森林でしてね。こっちの山の中みたいに、シイ林かカシ林か、モミやツガのそういう針葉樹を中心とした森なのか、何やら「わけの分からん森」というのがあんまりないんですね。結局、これは、照葉樹林というものをいかに壊さないで残したかというところに大きな解決点があるのかなと思いました。

追究の果てに見えたもの

本来、照葉樹林というのはこういう込み入った森林である。とくに、雨の多い地域に発達した照葉樹林というのは、こんなに込み入ったのが本来の姿で、ほかの地域は人間の破壊によって非常に単純な森林になったんだろうと。

まあ早い話、さっき言うたウバメガシの話と同じです。日本のウバメガシの分布を調べてみると、ほとんど海岸線です。ただし、紀伊半島だけは山奥にまである。では、何故あるのかというと、人間がこれを

「枯らさないように」伐ったんです。

紀州のこのへんの地域で考え出した備長炭をつくるウバメガシの伐り方は、ウバメガシは必ずナタで伐る。シイとか、人間が破壊するとすぐに優占種になる木は必ずノコギリで切るんです。切り分けをしていったんです。それを何百年か続けてくると、やっぱりシイは増えなくなってカシ中心の森林になる。「カシを増やすことによって備長炭はいつまでもやっていける」という知識が働いていたんです。

これは紀州藩の専売特許ですから、四国や九州には入ってないです。今は入ってますよ。今はちゃんと指導員が行って備長炭を焼いています。もちろん、三重県にもこういうウバメガシがいっぱいありますが、三重県南部は全部紀州領でした。それで、十津川（奈良県）を調べてみたら、あそこの人は気位が高くって、炭焼きのような下々《しもじも》のする仕事は全部紀州の人間にやらせたんです。つまり、十津川で炭を焼いた人は紀州から出稼ぎに行った人なんです。これはほんとです。今はもうそこに住み着いて、先祖は田辺やという人が何人かいましたよ。

そうやって、人間と森との付き合い方も非常に大きく働くだろう

備長炭の窯出し

（5）山形県以西の本州・四国・九州、台湾・朝鮮南部に分布する常緑の高木。一般的にブナ林域に生育するとされる。樹皮から良質のトリモチがとれるので「トリモチノキ」とも呼ばれる。

し……そのように照葉樹林を壊さないで残してきたからこそ、紀伊半島にはそういう込み入った自然というものが残ったんです。もちろん、地形も四国や九州より多少複雑かもしれませんが、それよりもその複雑な地形の上に森林を残させてきた「人間の自然とのかかわり合い」というものが非常に大きく働いて、照葉樹林の本来の姿が昔に近い形で紀伊半島に残っているんだろう、と。

こう解釈すると、ずっと南のほうで、暖かくって雨が多いほど複雑な生物相になるっていう一般論と話がダブるんやろうと思います。

紀州にかなり複雑な森林地帯がありながら、四国や九州にはあまり残ってない。屋久島にはかなりまとまったいい自然があるのに、その南の沖縄あたりに行くと非常に単純な森林になりますね。それを説明つけるためには、「人間が荒らした」ということをよほど頭に入れないかん。

沖縄の北部の与那覇岳へときどき僕は行くんですが、行くたんびに、「ああ、これはもうよほど人間が荒らした森林や」と思います。あれを沖縄の極相林[6]というようなことでは、森を見る目がまったくないんやなぁと思いました。ましてや、西表島になると完全な二次林です。

結局、山の中にあったシロアリに食《く》われない強い木を全部抜いたんです。その結果、残るのはああいう森になるんです。とくに、スダジイなんていうのは木の黒い部分だけが建材として使えるわけですから、大木にしなければ意味がないわけです。そういう、人間と森とのつながり方というものをもう一度考え直して日本の自然を見直さなければならんのと違うかなぁと、最近考えているんです。非常に偉そうなことを言いますけれども、そういうことを最近しきりに考えながら昨日、一昨日とまた大塔へ行ってきました。

明後日、みなさんが行かれる安川渓谷のあの周辺は県有林ですが、けっこうよう荒らしているんですよ。恥ずかしいほど荒らしています。まあ、県には県の事情があって、県有林と言いながら県の持ちものではないんです。県が植林するから地上権を貸してくれと、借りた森林なんです。だから、あんまり怒らないでください（と言いながら僕は怒っているんですが）。とはいえ、それなりにいい自然もありますので見てください。

それで、もし気に入ったら、その林道を奥へ抜けて熊野川流域に行ってみてください。熊野川流域まで、トンネル越しにちゃんとした林道があるんですよ。その熊野川側には遺伝子保全林として、黒蔵谷《くろぞうだに》国有林とか大杉大小屋《おおすぎおおごや》国有林というかなりまとまった自然林（急傾斜地）があります。そこは、やっぱり探せば探すほどいいものが出てくるはずです。ただし、命の保証はしません。(7) がんばってください。

黒蔵谷の谷筋

(6) 植物群集において植生遷移が進行し、それ以降樹種の構成がさほど変化しない状態になったことを「極相に達した」と言い、極相に達した森林を極相林と言う。西南日本では照葉樹林を指す。

(7) 黒蔵谷・大杉谷は沢登りで知られているが、黒蔵谷は関西でも指折りの上級者コースとされている。大杉谷も中級者コースに分類される。十分な沢登りの経験が必要。

2　古座川の五つの不思議

二〇〇〇年七月二日「熊野の森に魅せられて」古座川町講演

虫にとっての古座川

古座川流域には、長いこととお世話になっています。初めて来たのが一九五〇年、ちょうど五〇年前になりますね。ダムができる前でして、七川《しちかわ》の、とくに添野川から平井川のあの谷を渡るのに、気持ち悪いくらい深い深い渓谷でした。その時分に凄いところだと思って、いっぺんこれからこの古座川を上りつめて大塔山へ登ってみようと思って何回か行きました。今ほとんど潰れかかっていますけど、大河《たいこう》の奥にある深い谷ですね。

◇ 古座川 ◇

大塔山麓から熊野灘に流れる延長約40kmの河川で、平井川、小川、佐本川などの支流がある。中流には1956年に七川ダムが建設された。昔ほどではないが、アユの漁獲も川の生きものも豊かで、川沿いの奇岩奇景が並ぶ渓谷は動植物の宝庫。日本でも屈指の清流として知られている。本流の川わきにそそり立つ高さ約100m、幅約500mの巨岩「一枚岩」（国天然記念物）が有名。

古座川と少女峰

ほんとに渓流が岩ばかりで、砂がないのです。巨大な刃物で何度もえぐったような形状の岩場の奥で、岩の割れ目の中にある植魚《うえうお》ノ滝とか、ハリオの滝というところへ行って、何か所もヒルに食いつかれて帰ってきたら体に二〇を超すヒルがついてて、丸々と太ってコロコロと転がり落ちてきたということがありました。

それでも何回か大塔へ行きまして、それ以来、つい古座川の魅力というか「魔力」にとりつかれて、しつこく通っています。（僕は）もうじきくたばるだろうなと思いながら……やっぱり古座川はいいですね。

僕の好きなのはカメムシでして、みんな妙な顔をするんですけれども、あの虫って慣れたらなかなかいいんですよ。においなんかも、慣れたらけっこういいんです。長い間こういう虫と付き合って、そして一〇年ぐらい昆虫採集を続けていると、まあまあある程度虫のことが分かった気になるんですね。それを通り越すと、だんだん虫が分からなくなってくる。しまいには嫌気がさしてくるんです。三〇年、四〇年経つと、なんとなしに自信喪失してわけが分からなくなる。やっぱり、虫の世界はわしには分からないというよう

植魚ノ滝（撮影・小板橋淳）

な気になるんですよ。かれこれ五〇年を越してきたら、知らんまに一緒にやってきた日本のカメムシの仲間の学者が年いって亡くなったり、寝込んでしまったりして、知らんまに僕がいちばん古いということになりました。

こうして長い間やっていると、そのうちに虫のほうから自分がここにおるということを教えてくれるようになります。もっとも、僕も年寄ったんですな。このごろね、虫たちがなんか「この山はそのうちに壊れるから何とかせえ」と言うんですよ。山の木を見ても、最近かなり植林がひどい。ここ三〇～五〇年前ですかね。戦後植えた木なんか見たら、「もう何とかしてくれ」と向こうから呼びかけているような気さえします。

そういう虫たちから見て、我々のこの住んでいる古座川流域を虫たちはいったいどう見ているのかというような話を聞いていただきたいんです。いろいろきついことを言いますけれども、それは虫が言うているのであって僕を怒らんといてください。

古座川は沖縄？

虫にもいろいろな虫がありましてね。どんな昆虫でもそうですけれども、虫が生きていくためには、もちろん周りに植物とか動物がなければだめですよね。川とか自然環境が、その虫にとって都合がようなければ生きていけないわけですよ。だから、虫を見るとある程度のことが分かるんですよ。

実は、この古座川流域は一口で言うたら「沖縄」なんです。この川の河口沖に九龍島《くろしま》がありますね。あの九龍島に上ってみたら、もちろんシイとかタブノキの林ですけども、あの大きな林の下にアオノクマタケランという植物が生えているんです。このへんで、あれ、何かに使うんですかね。スシなんか巻くときに使いますか？

このアオノクマタケランというのは、紀伊半島では大島と潮岬のごく一部と、あとはこの九龍島と宇久井（那智勝浦町）、その海岸線にかなりまとまった森があってそこにだけあるんですよ。

シイとアオノクマタケランの生えた一組みの森林というのは、実は沖縄付近に大量にあります。沖縄付近の高い山の森林を、まるまる古座へもってきたようなものです。そのつもりで調べてみたら、あの九龍島で採れる虫がなんと全部沖縄と共通しているんです。あそこの虫をたくさん採って売りとばされても困るんで、あんまり詳しいことは言えないんです。沖縄まで採りに行くことを思ったら、和歌山県の南端で探すほうが旅費も楽だと思って採りに来るやつがおるので、できるだけみんなで守ってほしいんですがね。

つまり、ここには沖縄並みの自然があるというわけですよ。ここはやはり海岸だから、黒潮があたって温《ぬく》いんやなぁと思います。また、

アオノクマタケラン（県の絶滅危惧Ⅱ類）

九龍島（串本町の天然記念物）

そう説明したら話が合うんですよ。ところが、これが合わないのが面白いところで、このアオノクマタケランは海岸にしかないのに、アオノクマタケランと一緒に南のほうに分布している沖縄付近の昆虫が、古座川では平井とか大塔山に入ってしまっているんです。結局、この川筋には沖縄並みの虫がいっぱいいるわけですよ。

だから、みなさんが見ている普通のエンマコオロギ、いちばん大きいコオロギを「当たり前やないか」と思って気にしてませんよね。あれは、実はタイワンエンマコオロギといって熱帯性のものです。それと同じ顔をしたエンマコオロギが、秋になったらまた出てきます。だから、ここではエンマコオロギは夏から秋まで鳴いているんです。

僕がこちらへ来たときに、エンマコオロギが早くから鳴くなあ、と思ってたんです。この紀伊半島の南というのは温《ぬく》いんやから、秋の訪れが遅くなるはずです。エンマコオロギが早く鳴くはずがないんですよ。だから、おかしいなと思って調べたところ、実はここにはエンマコオロギが二種類あることが分かったんです。一つはタイワンエンマコオロギで、これは熱帯性のもの。もう一つはもともと日本に棲んでいる北のエンマコオロギです。こんな調子で、大概の種類は二種類あるんです。

カマキリなんかでも、ヒメカマキリという小っちゃいカマキリがあります。ほん小っちゃくて、かわいらしいカマキリです。きょうたまたまうまいこと採れて、後ろに生きたやつ置いてくれてるんですが、これがサツマヒメカマキリといって今まで九州の南でしか記録がなかったものです。それがなんのことはな

サツマヒメカマキリ
体長29〜32㎜

い、ここには昔からおるんですよ。それも、なんと、海岸から山奥にまでおる。

そのようにして、結局、四国、九州よりもっと南のほうの暖かい地方の生きもの、とくに昆虫が、古座川流域ではずっと山奥まで入って、考えられないような一〇〇〇メートルの大塔山の奥まで入っています。だから、これは、虫の世界から言えば「古座川筋というのは沖縄並みだ」ということになります。

そういうような昆虫を、松下弘先生[8]をはじめとして、古座川筋のたくさんの虫仲間が突き止めてきてくれます。このごろ、僕の出る幕がないんです。そういう人たちが調べたのを見せてもらうと、今度は反対のことがあるんです。実は、ここは「北海道」だという話になります。

古座川は北海道?

北日本にしかない虫が、どういうわけかここにはおるんです。これがまた不思議なことに、大塔山みたいな山奥にブナがあるんですけど、そのブナを食《く》って寒いところの北の昆虫が棲んでいるというのなら話は分かるんです。そうではなくて、これが海岸におるんです。いろいろ調べた結果、なんと、北海道でカシワを食う虫がこの海岸線に棲んでいるんです。北日本にたくさん生えている、柏餅にするカシワ[9]です。

（8）（一九一三〜二〇〇三）元古座川町文化財保護委員長。在野の自然研究家として古座川町やその周辺地域の植物、昆虫の調査を行い、「古座川の優れた自然」を広く内外に知らせた。自然教育に力を尽し、自然保護にも貢献した。元古座小学校校長。

そんなはずないやないかと初めは思いました。

エゾヨツメ（一〇六ページの写真参照）とか、ウスズミカレハという日本の北半分にしか棲んでいない虫が、どういうわけか古座町の海岸線に多いんです。エゾというのは北海道のことですね。

よく調べたら、そいつはウバメガシを食《く》ってました。ウバメガシだと、このへんならどこにでもありますね。そのウバメガシの葉を食うんです。それには、僕も悩みましてね。何故、カシワを食うやつがウバメガシになったんだろう。説明がつかないんです。松下先生が飼育しているのを見せてもらい、自分でも飼ってみて、いろいろ分かったところがおそらく次のようなことです。

今から十数万年前から数万年前まで、何回か非常に寒い時代があったんです。氷河時代と言いますね。非常に地球の気温が下がって、寒いところの生きものがどんどん南へやって来ます。植物が南へ来るというのはちょっと分かりにくいですが、寒くなるというのは「今年は寒いぞ」という寒さではないんですよ。一〇〇〇年か二〇〇〇年に、平均気温が一度下がるというような温度の下がり方なんです。だから、一〇〇〇年に一度下がったら一万年経ったら一〇度下がるという非常に寒い時代になるんです。

一〇万年とか、そういう単位で寒くなって、そしてその間に寒いところの

カシワ（左）とサルトリイバラの柏餅

ウバメガシの新芽

植物がどんどん南へ行く。南の温いところの植物は、海へ追い落とされて絶えてしまう。そういう時代が何回かあるんですよ。そして、その時期に、今北海道とか東北に生えているカシワがおそらくこのへんの海岸まで来たんだろうと思います。現に、そういう化石があるんです。

そして、今度は温い時代が来ると、また今も言ったように一〇〇〇年に一度ぐらいずつ上がっていくんですよ。少しずつ温度が上がっていくから、何も分からないうちに温い時代が来る。そうしたら、植物を中心とした森林そのものがどんどん寒いところへ行き、そして流れてきた南の植物がこのへんで広がってきてシイやカシの林ができた。そのとき、このへんに棲んでいた寒いところの昆虫のなかにインチキなのがいて、「もう、わしはここのほうがいい」と言って、入ってきたウバメガシにエサを変えたんだろうと思います。

大きな葉っぱのカシワと、ウバメガシというあの葉のちっぽけなカシは、一方は冬に葉が枯れ、もう一方は常緑なので別のものと思われますが、実は近縁関係にあるんです。これを取り替えてもおかしいことではないんです。だから、取り替えたんでしょう。替えてしまって、結局、棲み着いたんです。そう考えたら、それなりに話がつくんです。でも、寒いところの虫には夏の暑さは大変だろうと思います。その暑さに耐えられないだろうに、何故生きているんでしょうか。

いろいろ調べてみると、なんとこのへんの常緑のシイやカシの林は真夏でも温度が上がらないんです。そういう中を流れてくる水は非常に冷たいんです。今、毎日テレビでやっている天気予報ですが、今、近

(9)　紀南にはカシワの木がほとんどないため、柏餅にはサルトリイバラの葉を使う。

織でいちばん気温が低いのは潮岬ですね。大阪とか京都などはめちゃくちゃ暑いですよ。ここは、最高気温がいちばん低くって、冬になると最低気温がいちばん高いんですね。結局、そういう海がそばにあるということが、そういう気温を柔らかくすると同時に、もうひとつ、森そのものが夏の暑さを防いで冬の寒さも防いでいるんです。

本来の照葉樹林では、高木（高い木）の葉っぱの層があって、その下に亜高木の葉っぱの層があって、その下に低木の層、さらにその下に草が茂って、いちばん下にコケがある。つまり、緑の葉っぱの層が五つとか六つとかあることになる。だから、エアコン付きのフレーム（温室）みたいな温室の非常にいい条件のところが、こういう照葉樹林の森だということになります。だから、夏、暑さで困ることもなしに生きていけるわけです。

そういうような北海道にあるような虫が、こういう紀伊半島の南にあるということを今まで僕はまったく知らなかった。理由の一つは、なんと、これが真冬に出るんですよ。考えてみれば、北海道の六月、七月はこのへんの二月、三月の気候ですから、そしたらちゃんとその気候に飛び回っているんです。でも、よもや二月、三月に大きな虫が夜中に飛び回っているとは思わないから……もちろん僕も知らなかったですよ。

ところが、ここに住んでいる若手の昆虫の研究者らがみんなそういうことをやりだしたんですよ。それで、すっかり分かりました。分かったとたんに、なんとまあという話で、日本の昆虫学会の大物連中もびっくりしたんです。初めは、紀伊半島というのは滅茶苦茶なところだという話だったんですよ。でも、おそらくこれが本当の姿で、那智の周辺なんかは自然を壊したからかえっておかしくなったんです。それを普通だと思っている人間のほうが、おかしいんです。

僕がそういうことを長いこと息巻いてきたら、やっとこさ最近、それも認められてきた。ここみたいに、北海道の生きものも沖縄の生きものも一緒に暮らしている、こっちのほうが本当の日本の自然で、ほかのところは壊れてしまっているのではないか、というほうがよさそうです。

古座川は離島？

だから、図鑑や本を見たら、ウバメガシは海岸の岩壁に生える植物と説明してあるんです。明らかなウソですわね。それはもう、ここに住んでいる人は誰でも分かる。山奥にウバメガシが生えてなかったら炭が焼けん。そりゃ当たり前やけども、本ではそういうことになっている。

もうひとつ、この紀伊半島の南にはもっと変な話があるんです。

去年、熊野博[10]でたくさんの人が盛んに熊野古道を歩いてにぎわいました。ところが、あの熊野古道（中辺路）というのは実はおかしなところでして、あの古道の北と南で国が違うんですよ。虫の国が……ほんとに違うんです。

言い出したら古い話ですが、僕たちが子どもの時分、護摩壇山とか高野山というところには大森林があ

（10）南紀熊野体験博。一九九九年の四月から九月まで南紀熊野の各地で多種多様なイベントが開催され、総計三一〇万人の参加があった。

りましてね、今見えるような狭っ苦しいもんじゃないんです。三〇〇〇ヘクタールとか五〇〇〇ヘクタールという膨大な大原生林があったんですよ。そこで虫を調べていたら、そのブナの朽ち木につく、けったいなカミキリムシがあったんです。

ここにも標本を置いてるんですけど、こいつは色は悪いし、形はおかしいし、なんとも言えない虫なんです。背中が高くふくれて、硬くて、こぶこぶでおまけに羽がないんです。羽がないとなると歩くしかないんです。カミキリムシでありながら歩くだけです。朽ち木に卵を産み付けて、そこで生活して、エサも朽ち木や落ち葉を食うんです。そういう虫があって、これは珍しいと言って喜んで調べたら、セダカコブヤハズカミキリというなんとなく意味の分かる非常に長い名前のカミキリムシでした。これがなんと、近畿の山から南端が果無山脈まであります。果無まではきちっとあるんです。

そこから南へ行くと、突然、別の種類になります。これは古座川の上流域で昔何匹か採ったのです。採って並べてみたら、なんとなしに形が違うんですね。「護摩壇山のカミキリとこれは違うで」と言うて、喜んでカミキリを専門にやってる連中に

熊野古道中辺路の起点、滝尻王子

見せたんです。その連中は知らなんで、「これはすごいなあ」ということになって。色川でも採りましたし、タイコウ（大河谷）でも採って佐本川の上流でも採りました。そして、その裏っかわに将軍山というのがありますね。そのへんでも採って、何匹も採って並べた標本箱を「どうな」って見せたら、「おお、ええな。ちょっと貸してくれ」と言ってそれっきりです。

何年か経ってから、突然、学会誌を送ってきましてね。まったくその人とは違う人が、ナンキコブヤハズカミキリという新種で発表しているんです。そして標本が、全部僕が採ったことになってないんです。その時分はまだ若いし、向こう意気も強いし、「おい、けしからんやないか。人の採った標本を盗んで自分の名前で発表するとはなんな」と言うたら、「まあまあ、ええや。おまえら若いんやから、またええのあるわいな」と誤魔化されてしもた。

ときどき、その虫は採れます。採ったら、「また採れたんか」と言って持っていってしまいます。それ以来、その人との付き合いがないんです。付き合うと、永久に盗られそうでね。その虫、そこに並べています。

実は、ナンキコブヤハズカミキリは大塔山の北側の尾根まであるんです。そこを下りていったら小広峠(11)です。小広のそのへんは植林ばかりで森がないから、その虫は棲んで

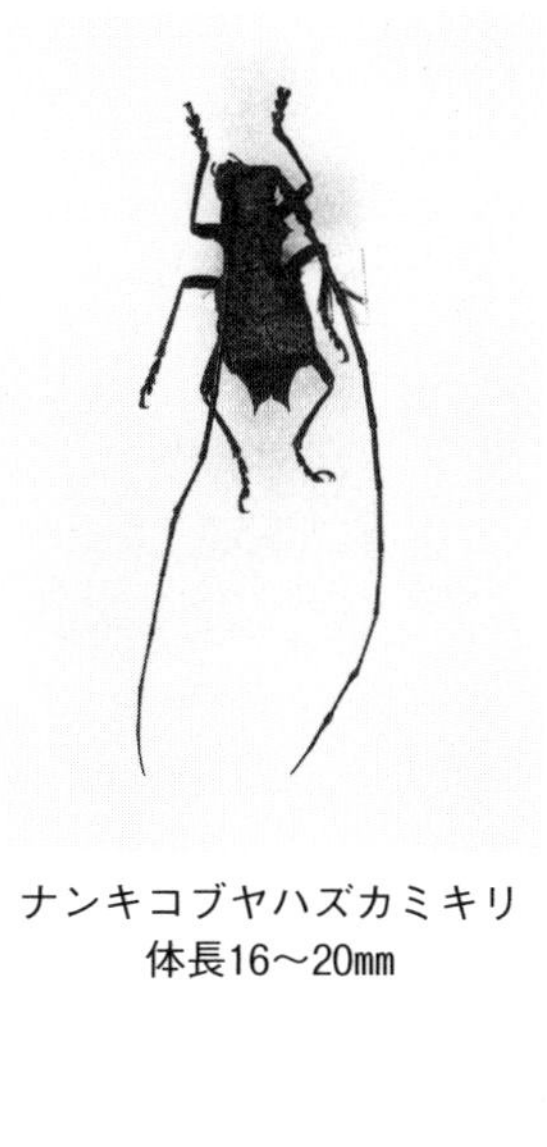

ナンキコブヤハズカミキリ
体長16～20㎜

(11)　熊野古道中辺路の峠。小広峠を境に東西の天候が違うことが多い。

ないんです。だから、小広峠を境にして北がセダカコブヤハズの国で、南はナンキコブヤハズの国です。そういう虫がいくつかあります。非常におかしな話ですが、いくつかあります。

なかには、キイオサムシといって和歌山県（紀伊）の名前をとったオサムシあります。ご存じかもしれませんが、オサムシは手塚治虫[12]さんのペンネームで有名ですね。歩き回る虫です。この歩き回る虫というのは、かなり地域的に分化しているわけです。これなんかも、和泉山脈の南に紀ノ川がありますね。あの紀ノ川を境にして、このオサムシの国が違うんです。紀ノ川を境にして、南側がキイオサムシの国、北側はイワワキオサムシといって別の種類です。まあ、見たら顔はよく似ていますけどね。そんな話をして、紀南には変なもんがいっぱいあると言ったら、さっき言った熊野古道から南にはたくさんのここだけの植物があります。このへんの岩壁にたくさん生えているものに、クルマギクというのがあるんです。上からスーッと垂れて、白い花を咲かすんです。これなんかも、こことか熊野川流域のこの紀南にだけしかない植物です。こういうのが、かなりたくさんあるのです。

クルマギク（国・県の絶滅危惧ＩＢ類）

キイオサムシ
体長20～22㎜

だから、いったいこの植物でも昆虫でも、昆虫などとくに歩き回るはずなのに、そいつらがみんなここだけ別の種類に分化しているというのはいったい何を意味するのか。

こんなことがありうるのは「島」なんです。だから、四国とか九州なんかだったら明らかに島だから、別の種類があっても話は分かります。とくに、沖縄なんかに行くと島ごとに違う種類に変わるんです。沖縄に無数の島がありますね。あの島に棲んでいるカエルがみんな種類が違うんです。それは当たり前ですよね。カエルは海を泳げませんしね。だから、どうしても変わっていくんです。

その点、紀伊半島は近畿まで陸地はつながっているし、何も動きがとれない理由はないんですよ。たとえ羽がなくても歩けるはずですよ。ところが、この紀伊半島の南のほうだけは別の要素が入ってきているんです。というわけで、島としての特徴が紀伊半島南部にはあるわけです。

下流が山奥？

もう一つわけの分からん話は、そこにカメムシの仲間に葉っぱの裏について、葉っぱの汁を吸うグンバイムシというカメムシがあります。小さい虫でしてね。もうほとんど普通の人には気づかれない虫ですけれども、花などをつくっている人がツツジの葉の裏とか、あるいは果樹園芸とかやってる人には、リンゴ

(12)（一九二八～一九八九）：漫画家。オサムシから考案したキャラクターを自らの分身として漫画上で描いた。名前の由来もオサムシによる。

とかナシとかの葉の裏について葉っぱを枯らす害虫として知られています。そういう虫を調べていると、シャクナゲにグンバイムシがつくんですよ。葉っぱの裏について汁を吸うんです。体長が三ミリぐらい、しかも羽根が透き通っていて顕微鏡で見たら宝石のようにきれいですけれどね、肉眼で見たらどうってことない。そういうのに、ヤマグルマという木につくヤマグルマグンバイというのがある。両方とも見つかったのが九州の北のほうの英彦山《ひこさん》という山でして、大体一〇〇〇メートルを超す山の上で見つかったんですよ。

そのときに名前が付けられた。僕がこちらで調べてみたら、いっぱいおるんですよ。僕が先に見つけておけばよかったと思うくらい。たくさんあるのはいいんですが、だんだん調べてきたら九州のとは違うんですよ。そうなってくると、これはシャクナゲを徹底的に調べようと思って、シャクナゲの生えているところをずーっと気をつけて回りました。

シャクナゲはみなさんがご存じですよね。何となしに、シャクナゲというのは高山植物というようなイメージがありますし、本にもそんなに書いてあります。それで調べてみたんです。

三重県と滋賀県との県境に、紀伊半島のいちばん根元のところに御在所岳というのがありますね。あそこには大体、一〇〇〇メートル以上のところにシャクナゲの大群落があるんです。ちょっと下のほうへも下りてくるんですが、ところによっては七〇〇メートルのところまであります。そこから南へ行くにしたがって、シャクナゲはだんだん下がってきます。大台ヶ原の上にはシャクナゲの大森林があるんですが、これを調べていたら、ちょっと下りた深い大杉谷という谷のところまで行くと、六〇〇メートルぐらいのところに生えてあるんです。

三重の人が、「この植物がこんな下まであるのは大台だけだ」と説明しているのを聞いたことがあります。しかし、僕は陰で舌を出して笑っていました。護摩壇山まで来るとこれが龍神の奥の谷にまであり、これが四〇〇メートルくらい。それからもっと南へ来て熊野川まで下りてくると、熊野川の中流域にはシャクナゲがかえってなくって下流に行くとあるんです。ちょうど、熊野川町から新宮市へ入るあたりにたくさんのシャクナゲがありまして、これが生えているところが標高一〇〇メートル以下です。

新宮市へ入って高田というところがありますが、そこへ行ったらシャクナゲの大群落があるんです。これが標高三〇メートルです。新宮の人らは、こんな低いところはなかろうと自慢してましたが、「僕は、もっと低いところ知っているで」と思っていたんです。ここです。このいちばん南のいちばん暖かいところであるはずの古座川では、一〇メートルから二〇メートルの少女峰の根元とか八坂神社の上に生えてるんです。

おそらく、そのへんの岩山の上にまだたくさんあると思います。まだ生えているという程度とは違う、こんな大きな太い木がポンと生えていましたから。それには、ちゃんとシャクナゲグンバイがついているんです。

やっとこないだ、虫好きのかおるちゃんがたくさん採ってきてくれて、専門家に送ってもらったんですが、どうも別の種類になりそうです。英彦山のとは違うんです。

同じことがヤマグルマでも言えます。ヤマグルマというのは、四国や九州では非常に高い一〇〇〇メートル近い山にしかないんです。ところが、こいつは紀伊半島では南へ来るにしたがって、だんだんだんだん低いところに生えるんです。シャクナゲと同じです。紀伊半島の南端の古座川は、下流ほど多いし、下流へ行くほど低いところに生えるんです。だから何か、古座川とか熊野川というのは、シャクナゲとかヤマグルマという山奥の植物があるんですから「下流ほど山奥」となるんです。変な話ですね、下流ほど山奥だなんて。

だから、この話をよそへ行って話したら笑われます。自分で確かめてから言ってくださいね。いっぺんシャクナゲ、ヤマグルマの咲いているところなどをちゃんと見てから言わないと、インチキだと思われます。僕も、長年それを言ってバカにされてきたんです。それほど、これは常識外れの話なんですね。これが、このへんのひとつの特徴だろうと思うんです。

崖地は植物の駆け込み寺?

この古座川のいちばんの特徴というのは、ひとつは岩峰、岩山にあります。岩山には、なんかびっくりするほど珍しい動植物が集中しているんです。古座川筋の岩壁のほうへ行くと、田原のほうのいわゆる熊野酸性岩の大きな岩帯がありますね。あの岩の表面にくっついている植物は全部、日本ではもう見られない貴重な植物だと思ってください。珍しい植物ばっかりです。これからの季節（七～八月）、岩にぶら下がって白い花が咲くウナズキギボウシなんかが一面に生えているんですよ。

以前、道路工事のときにそれを剥がして穴を埋めていましたね。林道のへこんだところなんかに……ひどい話です。この植物は、大台からこっちの熊野の地方と、それから四国の一部しかないんですよ。そんな植物があまりにもここに多いから、岩の表面から引き剥がして林道の穴を埋めるんです。それに付いてた、ここにしかないクルマギク（一二六ページ参照）なんかも、かわいそうに車に踏まれながら花を咲かせているという始末です。第一、岩にへばりついているたくさんのイワヒバなんか、あんなにたくさんの数をよそで探そうと思ったら大変ですよ。おそらく、奈良や滋賀なんかだったら、あれの生えているところは県の天然記念物になってますよ。このへんだったら、家の庭までみな天然記念物が生えていることになる。それほどのものが、ここにはたくさんあるということです。

だから、崖へよじ登ってロープかけて、セッコク[13]盗みに来るやつがいる。「あのアホが！」とみなさんは思うだろうけども、来る連中にとってはそれほど値打ちのあるものなんです。あれは、採らさないように！　ロープかけて持っていくやつのロープの上を切れとは言わんけれど、できるだけああいうのはやめさせたいものです。

これは、ここの宝ですよ。何故、こんな岩山に珍しい植物があるのかというと、それは岩山に生える植物が強いからと考えたいですが、反対ですよ。弱いから、ほかの植物の生えないところに逃げ込んでいるんだと思ってください。だから、ほかの植物と競争したら負ける植物が岩山へ逃げ込んできているんです。

岩山だったらシイやカシが生えないから。今の気候にいちばん合

ウナズキギボウシ

（13）ラン科の常緑多年草。山地の岩上や樹上に稀に着生し、観賞用に栽培される。高さ五〜二〇センチ。県の絶滅危惧ＩＢ類。

うのは、シイやカシといった常緑樹です。そいつと競り合うたら負ける木が、シイやカシの生えないところへ逃げ込んでいるんです。おまけに、ここの火成岩ありますね。いわゆる熊野酸性岩というこのへんの岩山は、ちょうどいい湿りけをもっている。だから、日照りが続いても岩の表面は湿っているし、おまけに岩は険しいし、カモシカでもそう簡単には食いに来れない。

なにやかや言うて非常に都合がいいんです。だから、今までほとんどあちこちで絶えた植物が全部ここにあるのです。

3　照葉樹林ってどんな森——本宮町の自然から

二〇〇〇年一一月二八日「蘇れ熊野の森～本宮町の自然から」本宮町講演

優劣の自然が同居した町

本宮《ほんぐう》町というところは、非常に優れた自然の地域と、非常に荒れた地域とが同居してるんです。昭和四七（一九七二）年、日本列島全体に生えている植物から地図をつくるという計画が環境庁（現・環境省）でありました。それを「植生図」というんですが、和歌山県の場合は僕がまとめ役になってつくったんです。それをつくって気づいたんですが、いちばん特徴があったのがこの本宮町でした。どのような特徴があったかというと、紀南でいちばん雨が多い中心部でありながら山が痩せて、シイやカシが育たないほどの土地というのがあるんです。その一方で、大塔山《おおとうさん》の周辺へ行くと日本でもっとも自然度の高い、原生林以上に優れた自然が集中した地域もあるわけです。同じ本宮町内ですよ。そんなところはめったにないです。

荒れたところというのは、ほとんどがコナラを中心としたところで、こんなのしか生えない。はっきり言うと、ほとんどが熊野古道の周辺です。

本宮町のこの地域は、おそらく今から一〇〇〇年以上前ですかね、いわゆる熊野文化が盛んだったころのいちばんの中心地です。だから、昔の大都市です。それで中世の時代、その大都市が長い間続いたこともあって人口なんかも多かっただろうと思います。

さらに、この地域にはたくさんの鉱山地帯があって、その鉱山で大量の金銀を産出するため、それを掘る人が集まった。いろいろと政治的な絡みもあったんだろうと思います。僕は専門外で分かりませんが……。

いずれにしたって、そういうことで自然を壊した歴史が非常に長い。しかし、おそらく昔の人は、自然を今の人みたいに派手に壊すということはしなかったんです。しかし、自然を大事にしながらでも一〇〇〇年あまりも自然のなかでたくさんの人が暮らしていると、どうしたって土地は痩せる。どんどん痩せて、そうしてついに、このへんで当然生えるべき常緑のカシやシイの森が育たなくなった。それほど痩せてしまったところがあるわけです。ところが、熊野古道沿いからちょっと横へそれると、人の自然とのかかわりが少なくなるんです。

中央の森が大斎原《おおゆのはら》。左奥の森が本宮大社（撮影・楠本弘児）

今西錦司が守ろうとした原生林

僕がこの本宮の奥の、大塔山と付き合い始めたのが一九五〇年ごろです。大体五〇年前、大塔の山に入って何回か本宮町に足を踏み入れましたけども、どこをどう来たか実は分からんのですよ。気がついたら本宮側に入っておったというほど深い森林でした。

大塔山へ登るというのは、皆地《みなち》の側からは近いけれども西牟婁《にしむろ》側からというのは大変なことですね。たとえば、富里の谷をつめていって道のないとこを這い登って、やっと上までたどり着いたって、大塔山のてっぺんと違うんですね。大塔山のてっぺんの西側に西側大塔（一ノ森）というのがあります。それを下りてもういっぺん登り直すとやっと大塔山（二ノ森）へ来て、そこで本宮町の境界に着き、そして頂上に登ったときに、そこに大きな木の看板を見つけました。木を伐って、板を打ち付け、墨で「大塔山山頂の原生林」みたいに書いてるんですよ。で、「この森林は非常に貴重やから大事にせなあかん」て書いてあって署名がしてあるんです。今西錦司さんでした。

◆ 今西錦司（1902〜1992）**◆**

京都大学霊長類研究所・伊谷純一郎アーカイヴス所蔵

生態学者、人類学者、探検家。霊長類研究の創始者として知られる。京都帝国大学（現京都大学）農学部卒業。1931年に京大学士山岳会を設立して、終生そのリーダーとなる。第２次大戦後は、京都大学理学部と人文科学研究所でニホンザルなどの研究を進め、日本の霊長類社会学の礎を築いた。1979年、文化勲章受章。著書に『今西錦司全集』（講談社／1973年刊）他。

ご存じですか？　京都大学の教授で、もう亡くなられましたけども動物の生態学では非常に大きな足跡を残した、生物学者というよりむしろ哲学者というような先生です。その今西錦司さんが大塔山の頂上に登って、そして本宮側の中小屋谷《なかごやだに》の森林を見て、ものすごくいい森林やと言うたんです。僕もそう思いました。おそらく、近畿地方に残った最後の原生林でした。照葉樹林として最後に残った原生林がこの中小屋谷の国有林でした。今はもうない……今は頂上にブナがちょっと残ってるぐらいですね。

それで山から帰って、当時ちょっと県のほうで僕は信用があったものですから、「今西さんが来て大事な森やと言うてるから、県も本腰入れんかい」という話をしたんですが、「ほんなら、いっぺん調べてみてくれるか」と言われました。言うほうは楽ですわね。なんというても、あの山を調べるのは命がけやから。壊れかかった林道はあるし、えらい崖やっていうことが行ってみたら分かりますね。

しかし、あの崖の山に、実は最低二五〇年生以上の大木がたくさん生えているんです。で、虫も調べたかったし、何回も行って、二年ほどかけて大体こういう状態のこういう森林だということを調べたんです。

そうしたら同じころ、今西先生がね、「わし忙しいさかいに、若いお前らでやれ」と言って、若い学者にその中小屋谷の森林の研究を命じたんです。今西先生の言うことやからといって、みんな嫌々ながら来たんですよ。来てみたら「すごいいい森林だ」となって、ついに本腰を入れて調べ始めたんです。近畿を代表するような生態学者が四人がかりで、三日三晩山の中に泊まり込んで調べた。そして、大阪営林局へ「森林を伐採しないこと」という調査書を出したんです。

僕はまったくそういう話を知らないで、夏休みとか冬休みの手がすいたときに何回か行って調べたんです。僕は一人ですけども、かなりの時間をかけました。一〇日以上、一人でぐるぐる回ったんですよ。生物を調べて、調べれば調べるほどわけの分からん森であることに気がつきました。それをまとめて県のほうへ持っていって、「こんな凄い森林や」という話をしたんです。県は僕の調べた資料をまとめて一冊の報告書にし、「こんないい森林やから、和歌山県の宝になるんやから残してくれ」ということを書いて大阪営林局に出したんですよ。それが、ちょうど同じ時期だったんです。

ところがね、「これはいいやないか」とはならんかったんですね。結果がまるっきり違うんですよ。

大塔山の木、六〇〇メートルぐらいはブナ林ですよ。そこまではどっちも合ってるんですよ。小さな、二〇ヘクタールぐらいしかないブナ林の下に、すぐにもうシイとかカシがどんどん入ってくる。そして、至る所にモミとかツガとかコウヤマキとか、ゴヨウマツとかというような針葉樹がたくさんある。そういう間にカシが入ってるんです。ウバメガシも入っているし、何でも入っているんですよ。何でも入っているから、こういうわけの分からん森林や、ということを書いて僕は報告をしたんですよ。

1970年ごろ、大塔山系の自然林でひと休みをする後藤伸

ところがなんと、大阪大を中心にしたその関西の研究者から出たのは、いちばんてっぺんにブナがあり、その下にアカガシの森林があり、その下にウラジロガシの森があり、その下にシイがあり、その下にウバメガシがある。狭いわずか一八〇ヘクタールの中に、標高差もそんなにない、てっぺんがたった一〇〇〇メートルやというところにありとあらゆる森林が層をなして、ちゃんと順序正しく並んでいる。こういう貴重な森林は近畿にはないんだ、という内容だったんですよ。

それで、大阪営林局の担当者が、「同じ地域を同じように調べたのに、まったく別の報告書になってい る」と言って僕が悪くなりましてね。僕の言うこと、僕の言うたことが全部嘘になりましてね……そりゃ肩書きが違うからね。大学の理学博士とか、なんとか大学の教授とか助教授とかが連名で出した書類と、一介の高校の教師の調査報告書ではまるっきり重みが違いますわね。で、和歌山県はけしからんと言われ、そういうずさんな報告では県の言うことは聞けないとなったんです。

結局、あの森は下から順番に伐っていって全部伐ってしまった。で、伐ってるところへ行ったら、山仕事している人が、「ほんまにこりゃあ、ええ森やで」と言うてる。「大きなるのに三〇〇年、伐るのが三分。これはちょっとおかしいで」と言いながら伐っていました。伐る人の、そういうプロの人というのもいなくなってしまった。

僕はね、その伐られたのも腹立つけども、僕が一生懸命調べたのをまるっきり「嘘や」と言われたんで頭にきましてね。それ以来、そういう報告書を書いた大学の先生を目の仇にして、あれこれ言い続けて五〇年になります。いまだにいろいろ言います。向こうが間違うたんですから。

みなさん、昔、学校でこういうことを習ったでしょう。山がこうあったときに、たとえばいちばん上が一〇〇〇メートルとしたら、こういうところにブナの森がこう生え、その下にモミとかツガとかの針葉樹が生える。で、この下にカシが生える。この下、もっとこういうようにシイが生える。こんな形になるということが教科書に書いてあるんですね。みんなそうやって習ってきた。高校の教科書にも載っているんやから、これを研究した大阪の大学の先生方があんな報告書を出すのは分かります。

ところがですね、実際はこうじゃないんですよ。シイなんていうのはブナのここまで上がってるんですよ。もちろん、このあたりのモミやツガは下まで来ています。ここに住んでいる人だったら誰でも分かるんですね。ここの谷を登っていっても、じきにツガとかモミが生えているやないですか。もっと近くの、このへんにもいっぱいあったはずですよ。第一、この下《しも》ずっと下って新宮市まで行ったら、川っぷちにモミがいっぱい生えてますよね。ほかのところにないのは伐ったからですよ。そうでしょ？　そういう誰でも分かる話が実は学会では通らない……不思議な話です。

モミやツガは針葉樹林の植物か？

要は、このモミやツガなんていうのは照葉樹林の植物であって、針葉樹林の植物ではないんですね。モミやツガは、照葉樹林の中に混じってくるんです。

照葉樹林の中にモミやツガが少ないのは建材にいいからです。トガ普請（一〇一ページ参照）というて、昔はね、トガ（ツガ）で柱をつくるために真っ先に伐ってしまったんです。こんな話、ここで話したらスッと通るんです。年のいかれた人は「そうや、そうや」と言ってくれます。けども、これが学会だったら「そんなことあるもんか」となります。僕がこの話を学会で喋ったとき、「なんで、あんたの話は照葉樹林帯と針葉樹林帯をごっちゃにするんな」と言われて、「いや、一緒に生えてるんや」と言うたら「そんなこと、あるはずない」と反論されて、「そんなら見に来い」と言うてこのあたりを案内しました。

この奥に、カタマンボ[14]といわれている所がありますね。カタマンボの対岸に、コウヤマキ[15]なんかがいろいろ生えてますね。あれを見て、「ああ、なんと高いとこ行ったら、こんなになるんやな」と言うから、「ここは一六〇メートルや」と言うたらシュンとしてました。

あそこは痩せてるし岩山やから、ほかの木は生えないからコウヤマキがあそこで生きていけるんです。以前から言ってますが、コウヤマキはここが本家なんですよ。知らん間に高野山にお株をとられてしもたけども、高野山にあるコウヤマキは、ここから種を運んだんですよ。みなさんだったらすぐに分かるでしょう？

コウヤマキというのは、もう地球から絶えていく植物なんです。だから、これくらいまで大きくなるのに一〇年はかかります。ものすごうかかるんですよ。で、これもある程度伸びたらすっと伸びるけれども、

カタマンボの対岸の岩山

その伸びる前に時間がかかるんです。だから、ほかの植物が生えないところでしか生きられないんです。だから、岩の上にしか生えられないんです。高野山みたいな緩やかな、なんでも生えるところにコウヤマキが生えるはずはないんです。

コウヤマキはあとで付けた名前で、ほんとはホンマキです。だから、ホンマキがあって葉の広いやつをイヌマキと言うんです。それを高野山へ持っていってコウヤマキと名前を付けて、それを知らずに高野山を調べた人は「ああ、これがコウヤマキの自生林や」と言うてそのまま通ってくる。調べてみたら、高野山にはもともとなかった。このカタマンボの崖の上の、あれが本当の自生のコウヤマキです。だから、あの崖の上の木というのは、細いけれども年数が経っていると思います。

夏涼しく、冬暖かい照葉樹林

話をもとに戻しますけども、「山というのは、上へ上がっていくにつれて寒くなって下は温《ぬく》いんや」と、決めてしもうたあたりに間違いがあるんですよ。

---

(14) マンボは方言でトンネルのこと。切り立った岩壁と深い渓谷の間に道が続くことから「片側だけトンネル」といった意味で、このあたりの地名の通称になっている。

(15) 日本特産の裸子植物、常緑針葉高木。ホンマキ。本州中部以西の山地に自生する。樹高三〇メートル以上、直径一メートル以上のものが各地の社寺林に生育する。高野山では材として優れた針葉樹を「高野六木」（コウヤマキ・スギ・ヒノキ・モミ・ツガ・アカマツ）として古くから植林し育ててきた。

実は、この谷底、ここよりはるかに涼しいんです。なにしろ、ここ常緑樹林でしょ。だから、日の当たらんところの岩の割れ目を伝って流れてきたここの水は非常に冷たいんです。夏も冷たいんです。その冷たい水で冷やされて、ここには寒いところの植物が集中するんです。だから、大塔山でヒメイワカガミ（三〇ページの写真参照）という高山植物が川っぷちに生えるんです。よそでは海抜二〇〇〇～二五〇〇メートルぐらいの岩尾根に生えるから高山植物と言われるんですけども、大塔へ行ったら、海抜二〇〇～三〇〇メートルぐらいのところにたくさんあるんです。

でも、こういうことを研究している学者に言わすと、「これは特殊な例や」と言うんですよ。でも、実はこっちがほんとで、高い山が多い信州あたりでは下はみんな伐ってしまって、荒れてしもて山の上だけに残っているんですよ。第一、ヒメイワカガミを高い山の植物と考えたあたりが間違いだった。冷たい霧のかかるところに生えるんや、と考えたら合うんや。シャクナゲも同じですね。よそではもうてっぺんにしかなくても、このへんではいちばん麓にある。

紀伊半島というのは、ほんとに雨の多い、豊かな自然であるはずです。けども、てっぺんだけを残して、あとはみんな伐ってしもたんですね。大台ヶ原みたいに紀伊半島のいちばんいいところは山の上だけにちょっと残っているんですが、あとは全部伐ってしもたんです。紀伊半島のいいところは、さっきから言っているように照葉樹林です。もともとこの照葉樹林は、東北の海岸線から関東平野、中部地方の海岸、あと高い山は別として西南日本全域を覆っていたのですよ。しかし、この照葉樹林帯には非常に古くから人が住んでいましたから、おそらく太古の時代から照葉樹林を伐って日本文化を繁栄させてきたんです。けれども、伐りすぎてついに照葉樹林文化は死んだ。その照葉樹林のいちばんの代表者がイチイガシなんです。

　イチイガシというのは本宮町の町の木ですね。これは、カシの仲間で最高の木なんです。堅くて、重くて、強くて、しかもきれいで磨くとこんなになります。これはイチイガシでつくった板なんですよ。寿司を載せるのに使います。で、このイチイガシは、おそらく今から一〇〇〇年以上前にもうすでにほとんどが伐られていたと思います。

　本宮大社の森には、イチイガシの木がたくさんありますね。この板を見て、「あの木、伐ろか」と思わんといてください。この大社の裏の祓戸《はらいど》(16)に、ものすごい大木がありますよね。で、こんなにたくさん町にあるところは本宮町だけなんです。古座川町にもちょっとありますが、ほかにはほとんどない。日置川《ひきがわ》町なんか、直径一・四メートルの大木があってもそれ以外にはないんです。そういうような大木が茂った、この自然の森林のなかで日本人は生きてきたんですよ。照葉樹林という常緑の森の中は夏は非常に涼しいんですね。しかも、冬は非常に暖かい

イチイガシでつくった寿司板

祓戸王子のイチイガシ

(16)　本宮町祓戸地区。熊野古道の祓戸王子がある。熊野本宮大社の裏の鳥居を抜けてすぐ左手。熊野詣において、旅の穢れを祓い清める潔斎所であったとされる。

んです。

だから、おそらくみなさんも経験があるん違いますかね。たとえば、山から寒ランなんかひいてきて、そして庭へ植えた。山に生えてるんやからうちの庭に植えたら大丈夫やと思ったらぽっと枯れますよね、寒さで。それほど、森の中というのは冬でも暖かいんですよ。霜もおりないし、雪が上に降り積もっても下まで落ちてくるころはすっかり水の状態になっている。

だから、そこで昆虫なんかを調べると南の昆虫がちゃんとおるんです。面白いことに、本宮の山奥へ行くと熱帯系の昆虫が海辺の新宮よりも多いんですよ。嘘みたいな話ですけども。

紀伊半島で熱帯系の昆虫がいちばん多いのは潮岬と思われているみたいですが、そうじゃなくって、種類数からいけばむしろ山奥に多いです。そして、寒いところのやつはどうかというと、これもまた多いんですね。たとえば、本来北の植物であるトチノキなんかは、和歌山県では紀北にはめったになく、紀南へ行くとたくさんあるんです。これはおそらく、住んでた人たちの自然に対する考え方の違いによると思います。

ほんとの山の中で山を愛して生活する人というのは、根こそぎ取るということはしない。とくに、トチなんていうのは、昔は飢饉に備えて全部谷間に沿って残しました。その結果、新宮市あたりまでこの川筋にずっとトチノキが残っているし、大きい木も残している。

トチノキの新緑（撮影・楠本弘児）

チョウの新種発見！

ここに、ナンキウラナミアカシジミというのがあります。これは、僕の自慢話です。

ここの南側に熊野川町があります。熊野川町のなかに大倉畑山という山がありますが、あの山へ五月の二二日に登ったんです。山の上の自然林を残そうと、県の依頼を受けて調べに行ったんです。あの大倉畑山というのは無茶苦茶な山でしてね、高さは七五〇メートルですからたいして高くないのですが、やっと登って、やっと頂上に着いたと思ったらそこは峠でして、向こうに高い山があるんです。そこへ行くためにまた下りるんですね。そして、また這い上がってやっと登ったと思ったら、向こうに峠があってもう一回下るんですよ。まあ、嫌になって……。急斜面を竿片手で突っ張りながら歩かんなんし、細い道がありまして、それを登っていったら途中にある崖地の険しいところは全部ウバメガシの森なんです。

こういうウバメガシの森は、おそらく炭焼きさんが凝ってつくった森ですね。ウバメガシばっかりの森です。そのウバメガシの森の上を、赤いチョウチョがいっぱい飛んでいるんですよ。手を放したら危ないところを、横っちょのウバメの株へロープをかけて、自分が落ちんようにして一生懸命チョウチョを採ったんですよ。五匹採りました。そのときに採ったチョウチョが、ここにある赤いチョウチョですね。

ナンキウラナミアカシジミ　開長35㎜

何でもない美しい赤チョウチョです。そのときは、ウラナミアカシジミやと思ったんです。でも、捕まえた感じでは普通のウラナミアカシジミより小さいなと思ったんです。これはそれだけの違いかなぁと思って家《うち》へ持って帰って調べてみたら、自分が前から持ってたよそのウラナミアカシジミよりはるかに小さい、大きさがまるで違うんです。裏の模様も違うし、しっぽは長いし、これは違うんやないかと思って喜んだんです。

喜んでみんなに電話したら、「大きいか小さいかくらいでは、子どものときの餌によって違うで」と嫌なことを言うやつがおって、「そんなことない、これはウバメガシの森に棲んでいるんだから、ただのとは違うんや」と言うたら、「ウバメガシなんか食うはずがない。あんな硬い葉なんか食《く》えるもんか」と鼻であしらわれたんです。それでシャクにさわって、徹底的にこれを調べたんです。

こいつはいったいどこにおるのか、大塔の山のこのへんを中心にずーっと調べて回ってみました。そしたら、おるんですよ。本宮町にきちきちみなおるんです。この谷の大塔川の口からずーっとウバメガシがありますね、そこに全部おるんですよ、このチョウが。こっち側の(国道)311号線のほうに行ってもウバメガシがいっぱいあるんです。あれに全部います。とくに、ふけ田[17]の周りなんかに。また、そのちょっと上にある橋のあたりにもいっぱいおります。

それで、よく考えてみたらあそこは人間の行けんところですな。今は道があるから行けるものの、あれは人間の近寄るようなところやないんですよね。全部こんな岩壁の崖で、ほんとは人間の近寄れないようなところに棲んでるチョウチョなんです。

一方、前から分かっていたウラナミアカシジミはクヌギ・コナラを食《く》うんです。だから、関東の雑木林や人家の近くの平地の緩やかな山の麓のようなところに棲んでいます。「緩やかな平地のチョウ」と「険しい崖地のチョウ」で、まるっきり生活の場所が違うんです。それで、さらに調べてみたらいろいろな違いがありました。発生時期が違うとかね。

このあと、僕が言えば言うほどみんながかりでこの話を潰しにくるんです。僕も意地になって、一〇年ぐらいあちこちで喧嘩しました。しかし、喧嘩しただけでは仕方ないから、僕はある程度まとめて、「紀伊半島のウバメガシ林に棲んでいるウラナミアカシジミはただものとは違う。これは明らかに別の亜種にすべきか、そういうものだ」と論文に書いたんです。そうしたら案の定、「ウバメガシなんかにこのチョウがあるはずがない」という論文を書いた人が出たんです。で、学会誌で一悶着あるような喧嘩をしました。

九州大学に僕が若い時分から教えてもらっていた白水隆[18]先生という世界的なチョウの学者がいたんですが、その先生が僕の論文を読んで「面白いやないか、おまえ調べてみよ」とか、その先生の教え子に言って解剖して調べてくれたんです。そして、世界中の文献も調べてくれて、これは明らかに違うということになりました。

面白いことに、学名（ラテン語）でこの仲間を「ヤポニカ」っていうんです。主に日本に分布しているからですが、ヤポニカのあとに種名があって、その種名の次に僕が見つけたんで「ゴトウイ」と付けて、「*Japonica saepestriata gotohi*」という学名になったんですよ（一四五ページの写真参照）。

（17）本宮町皆地地区の湿田。現在は「皆地いきものふれあいの里」として整備されている。

（18）（一九一七～二〇〇四）福岡市生まれ。九州帝国大学農学部卒業。九州大学教養部教授。国際鱗翅学会会長、日本鱗翅学会会長、日本昆虫学会会長などを歴任。

カメムシだったら僕の名前が入ってもちっとも問題にならないんですが、ことチョウとなったら、日本に何万人といるチョウマニアの連中がみんな一斉に怒って、「なんでカメムシ屋の名前を付けんなんのか。だいたい、ウバメガシの葉を食うというけれども、ウバメガシは海岸の木や。山奥に棲んでいるというのはおかしいやないか」というような反論がありました。

それで、僕が「ウバメガシは紀伊半島の山奥にたくさんある」ということを書いたら、「ウバメガシはそもそも海岸の植物で、内陸山地に独立したチョウが棲めるだけの森林があるはずない」と、大学で植物の研究をしている人にも文句を言われて、いよいよ腹が立ってきたので、「紀伊半島にこれだけウバメガシがあるやないか」と言って、三年かかって紀伊半島の山の中を全部地図に落としてみたんです。何か腹立ちまぎれに意地になってやったら、面白いものでけっこう仕事ができるんです。

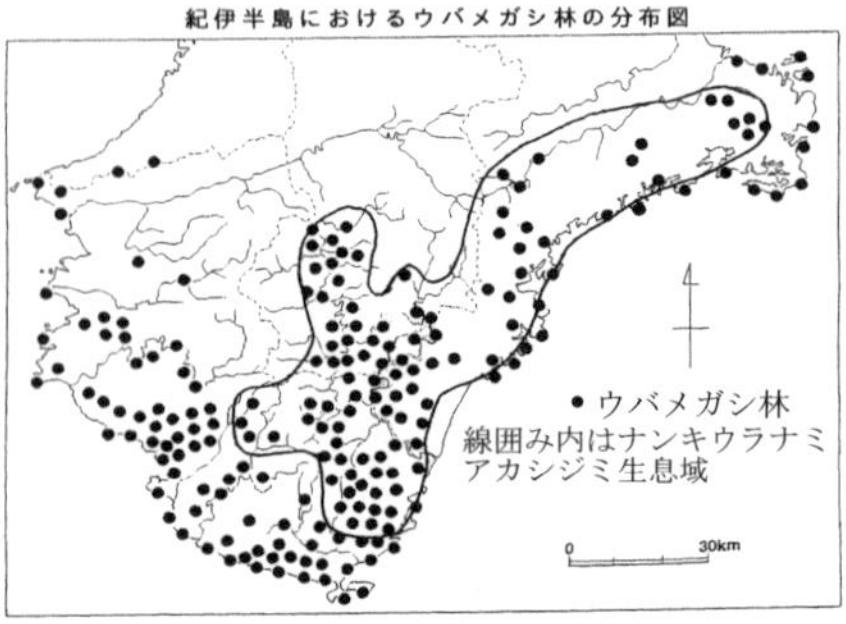

ウバメガシ林の分布図

結局、大騒ぎになったそのチョウチョに、「ナンキウラナミアカシジミ」という名前を、僕が勝手に付けたんです。そしたら、「ナンキウラナミアカシジミでいいやないか」と言う人と、「あれはけしからん」と言う人とで日本が二つに分れたんです。

日本の東西戦争みたいになりましてね。要は、僕のチョウチョを九州大学が認めたものだから、九州大学に対抗する東京の大学の連合体が反旗を翻したんです。もともと仲が悪かったんでしょうね。「チョウチョの東西戦争」というのはこのことです。この「戦争」が三年間続きました。

その後、僕は身体を壊して入院し、肺を半分とったんです。そして、治ってからまた山へ行ったら、突然、チョウチョの学会の中で「怪文書」が出たんです。

「あの三年間も揉めたいちばんの火付け役だった和歌山の後藤さんが、肺ガンになったので再起を疑っていたけれども、知らん間にまた元気になって、三重県と奈良県と和歌山県の県境あたりの山の中を毎日駆けずり回っている。昭和一桁の人間というのはまともじゃない」と書いていました。

僕は喜んでいいのか、怒っていいのか分かりませんけど、けっこうチョウチョで有名になりました。そういうわけで、この町内はほんとに面白いほどナンキウラナミアカシジミがいます。

氷河期に遡るチョウの渡来

でも、結局こういうチョウチョがどうして紀伊半島に棲んでいるかということを考えたときに、やっぱりもう少し大きな目で見なければならないなと思います。もともと日本で確認されていた、図鑑に出ているウラナミアカシジミというのは、クヌギと一緒に北から日本へ広がってきたんです。

おそらく、クヌギそのものも、日本のもとの植物ではないんじゃないかなと思います。縄文時代に、日本列島に入ってきた人たちが一緒にその木や種も持ち込んできたんだと思います。そのときに、その木についてチョウチョも入ってきたんだと思います。

大陸から北のほうから広がってきて、日本で増えた。だんだん日本の自然が壊れるにしたがってクヌギがだんだん増えるんです。自然が壊れれば壊れるほど、クヌギとかコナラといういわゆる「冬に葉の落ちるカシ類」が増えていきます。だから、和歌山県の北のほうで冬に葉の落ちる山がありますね。ああいう葉の落ちるコナラの林とかクヌギの林というのは、これは「寒いから」ではなくって「自然が壊れたから」なんです。土に力がないから、冬に緑の葉を保つ力がないんです。だから、冬には葉を落として休む、ああいう落葉樹が増えたんです。

それに対して、こちらの南のほうは、冬、緑を保つのは暖かいからだけではなくてあんまり自然を壊していないんです。それは住んでいた人間が少ないのと、もう一つ、宗教的な意味で南紀州の人間はもっと自然を大切にしたからです。だから、山の木はシイの木とかカシの木で冬に緑を保つんです。

もう一つ、今から三万年とか五万年前のことです。寒い氷河時代に、水が氷河となって陸地に乗ってしまうんです。そうすると、太平洋の水が少なくなって大陸と日本が陸続きになる。かなりの長い間陸続きになると、そこを伝って植物が移動してきます。海流に流されてくるのもあるし、鳥が運んでくるのもあります。そして、そのときにウバメガシが入ってきた。だから、けっこうウバメガシは寒さに強いんです。その、寒さに強くって乾燥気候に強いという植物が南からというよりは、ほんとは西からやってきた。ウバメガシのほんとの生まれ故郷はヒマラヤです。ヒマラヤの中腹から日本へずっとやってきて、いちばん東は房総半島まで広がりました。ところが、そのウバメガシがずーっと広がったときに、そのウバメガシと一緒にナンキウラナミアカシジミが来たんだろうと思います。

だから、そのあといろいろと外国の標本とか写真も調べたら、なんとウラナミアカシジミのもとの種が大陸にあったんです。今はもう中国大陸の奥地にはろくすっぽ（ほとんど）森林が残ってないから中国大陸におけるウラナミアカシジミの記録は少ないですが、それでもポツンポツンとありました。あまり詳しいことは分からないけども、中国にあるクヌギとかカシなんかで点々とウラナミアカシジミが採れるんです。ところが、北のほうで採れるウラナミアカシジミは大きくって模様がまばらですが、中国の南へ行くにしたがってナンキウラナミアカシジミに非常に近い格好になります。

だから、北から日本に入ってきた、南からも来た、そういう日本人の歴史とあわせて考えなければこういうチョウチョの存在は理解できないんだろうなと思います。

マニアの執念

チョウチョの話をしだしたら果てきりない。

ここには、これ以外にもルーミスシジミとかヒサマツミドリシジミがおり、これなんかは日本で有名な珍品です。美しいし、珍しいし、採れにくいしと三拍子そろっていて、これを採ろうと思ったら命がけです。

ルーミスシジミ（国の絶滅危惧Ⅱ類）
開長26〜28㎜

ヒサマツミドリシジミ（オス）
開長32〜37㎜

この谷の奥の、大杉大小屋《おおすぎおおごや》の国有林の入り口の上側に、大きなウラジロガシというカシの木があるんです。その根元を見たら五寸釘が刺さっています。どうしてか分かりますか？　その五寸釘を伝って登っていって、木のてっぺんに身体を縛りつけて、その木のてっぺんへ来るチョウを採ろうという魂胆なんですね。来なかったらその日は終《しま》いです。次の日、また同じことをするんです。ルーミスシジミなんていうのは、そういうようなカシの木のてっぺんだけで生活するチョウなんです。要するに、下りてこないんですよ。だから、採ろうと思ったらそれしか方法がないんです。

ヒサマツミドリシジミなんんか、秋にカシの木のいちばん高い木のてっぺんに産卵します。そして、そのまま冬を越して、明くる年の新芽を食《く》うんですよ。だから、冬に行ったら卵いっぱいあるわけですね。悪いやつは、チェーンソーを持ってきて切り倒すんですよ。静岡県なんかではそのために山が伐られて、山持ちと伐った連中との間で大もめにもめたことがあります。紀州にはそれはないですね。木に登って枝を折って帰ったやつはあるかもしれませんが、そのうちにまくれ落ちて（転げ落ちて）それもやめることになるでしょう。

ただね、この大杉大小屋国有林と黒蔵谷《くろぞうだに》国有林は、ともにどれだけのカシがあるか知らんけども、そのカシの葉を食っているルーミスシジミは実はいくらでもいるんです。ものすごい数が棲んでいるんです。日本でいちばん多いんと違いますか。それじゃ、採れるかというと採れんのです。採れないから安心して大きな声で言うんです。

しかし、ほんとは何匹かいっぺんに採ることができるんです。どうするかというと、この谷へ行くんですよ。この川のいちばん源流の、あの森林に覆われたあの谷を歩いたら、真夏の暑いときに涼みに下りています。ただし、命の保証はできないですね。あの谷の渓流沿いで、タモ持って歩こうというのは根性がいりますよ。それができる人だったら、採ってもかまわんと思います。採ったてどうってことないチョウやし、いっぱいあるから。

僕が今挙げたのは一例です。まあまあ分かりやすい、笑い話になるような話ばっかりを拾ったんですけど、実は大杉や黒蔵を中心にした大塔山で世界で初めて見つかった昆虫なんていうものは全部で五〇種を超えています。あんまり多いんで、文化庁はあの森を全部天然記念物に指定して国が買い上げて、そして厳選保護区にしようとしたんです。厳選保護区というのは非常に厳しくって、人間も学術調査以外は入らせないという知床の森なんかと同じですね。つまり、そういう天然ものの国宝クラスの貴重な森です。みなさんは、そういう国宝クラスのところの下流に住んでるんです。

もともと、日本にはこんな森はざらにあったんです。それを何千年もかかかって潰してしまったんで、あそこしか残っていないんです。で、それに近い状態のが伊勢神宮にあります。伊勢神宮は町中やから、もうすでに中身は壊れています。木は大きいですがね。それから、もう絶えましたが奈良の春日大社にもルーミスシジミがたくさんおったんです。こうやって、貴重な日本の自然というものが順番になくなっているんです。

後藤伸と私　Do you know kii peninsula?

伊藤ふくお
（昆虫生態写真家）

「紀伊半島してる」という言葉があります。最初にその言葉を使ったのはカメムシの安永智秀氏だと、後藤さんから聞いた覚えがあります。大塔村あたりで、カスミカメムシ類の調査のときにその言葉が発せられたようです。私は、その言葉を後藤さんから聞いたとき、この摩訶不思議な紀伊半島に生きる人間を含む動植物たちにうってつけの言葉だと直感しました。

「何が、紀伊半島しているのだ」と問われても、明快に説明できるほど私は「紀伊半島している」自然を見ていません。しかし、紀伊半島の紀伊半島らしい自然がある果無山脈から南側を時間をかけて見ていくと、何となくその言葉が似つかわしく感じられるのです。

人の生活に利用され、生産するために大切に守り育てられてきた自然のありようがここにはあると私は思います。紀伊半島してる人間がかかわってきた自然のなかで、動物や植物も紀伊半島しながらそこで棲息しているのです。

たとえば、ルーミスシジミと呼ばれているシジミチョウ科のチョウがいます。紀伊半島では、奈良市春日山、十津川村、伊勢市神宮林、大紀町。三重、

和歌山、奈良の三県が接する渓谷から本宮町、田辺市、那智勝浦にかけて分布の記録があります。しかし、奈良市春日山、伊勢市神宮林、大紀町については現在生息情報が途絶えています。

おそらく、紀伊半島に照葉樹林の勢力が大きかったころにはルーミスシジミもごく普通に棲息していたことだろうと容易に推測できます。ところが現在、ルーミスシジミが棲息するのは、冒頭で紹介した紀伊半島らしい自然がある地域のみです。奈良市春日山や伊勢市神宮林の立派に見える照葉樹林では、ルーミスシジミが存続しなくなってしまったのです。私は、紀伊半島している照葉樹林が紀伊半島しなくなった、否、できなくなった結果だと、大杉谷や黒蔵谷の照葉樹林を見ながら思いました。

もうひとつ、キリシマミドリシジミと呼ばれているシジミチョウがいます。幼虫は、アカガシやツクバネガシなどの葉を食べて育ちます。私が育った鈴鹿の山にもこのチョウが棲んでいて、標高七〇〇メートルほどのアカガシの林に棲んでいます。南紀で後藤さんから教わった棲息地は、百間渓谷から木守への板立峠付近です。ここも標高は七〇〇メートル程度ですが、谷底から一〇〇〇メートルもあろうかと思えるところに車も通れる橋が架かっているのです。

橋に立って谷を見ると、ウバメガシ、アカガシ、ツクバネガシなどの照葉樹の樹冠部が眼下にあります。その上を緑色の金属光沢をした翅をきらびかせながらキリシマミドリシジミのオスが飛ぶのです。学生のころ、見上げるばかりでシルエットで見ていたキリシマミドリシジミが眼下をキラキラ飛ぶのです。私にとっては、それはもう表現しがたい生命のきらめきです。これなんかは、本来の紀伊半島してるという言葉の意味からは外れますが、「紀伊半島してる人がつくった、紀伊半島してるキリシマミドリシジミだ」と、後藤さんとともに笑った記憶があります。

また、多くは草原に棲むヒョウモンチョウの仲間が山間部の渓谷にいたり、ウバメガシに依存して早春から活動するチョウがいたり、昆虫以外では、冬に求愛行動をするアカハライモリ（ニホンイモリ）や新年を迎えるころに配偶行動をするカスミサンショウウオなど、ほかの棲息地では考えられない意外な生態がここ紀伊半島では観察できるのです。

私が知り得た人たちや先人たちが、畏敬の念をもって接してきた「紀伊半島している」自然が途切れてしまわないことを願ってやみません。

第4章　生物の空間を創る

［2001年７月14日　「望ましいビオトープと正しい自然観察のあり方」いちいがしの会講座（田辺市）］

秋津川のビオトープで観察する子どもたち

1997年、後藤伸が立ち上げた田辺生物研究会が田辺市秋津川の池ノ川地区に水辺のビオトープを試作した。放棄水田２枚を借り受け、１枚には４個の水槽状の小規模な池をつくり、別の１枚には水田環境を整備した。

水辺のビオトープ設定の環境条件としては、①周辺地域が農薬汚染していないこと、②水の供給源がしっかりしていること、③自然林（二次林も可）が隣接していること、④周辺住民の理解が得られること、⑤アクセス道路があること、などが考慮された。秋津川ビオトープの周辺環境はウバメガシ林を主体とした二次林で、渓流に隣接した最適な条件であった。現在も生物教育の場として活用されている。

近頃の子どもたち

僕が田辺高校へ来た当時、五五人の学級で一二学級という年があったんですよ。そのときに、教室にこう座ったらほんとにその前ギリギリまで生徒が座るんです。なかには「喋るたびに唾が飛ぶさかいにかなわん」て言うて嫌がる生徒もおるし、僕は体の割に鼻の穴が大っきいさかいに、「鼻毛が見える」とか言うてからかいに来るやつもおった。で、そのころの子どもらが、なんかもう、各社会の重鎮になったという歳になってます。

そんなこと思うたら最近の学校は生徒数は少ないし、大変恵まれているように見えます。この間、久しぶりに明洋中学で、「歳のいった人に学ぶ」という会があって、僕も雇われて行ったんですよ。もう、ほんとに久しぶりに中学校の生徒相手に授業したんです。

明洋中学っていうのは伸び伸び育った生徒が多くて、僕が田辺高校におる時分から、「明洋から来た生徒はそのつもりで対応せんと」と先生たちは言ってました。授業してると、邪魔するんじゃなくって、つい生徒のほうも一緒にもの言うんですな。けっこうそういう生徒がおったら、やり方によったら非常にええんですよ。でも、なかには嫌がる先生もおるしね。「もう、明洋から来たのはかなわん、いちいち口を挟む」とか言うてね。でも、僕にとっては口を挟んでくれたほうが授業しやすい。

で、久しぶりに明洋へ行ったんです。そしたらなんと、明洋の生徒がまるっきりものを言わんのですな。賢そうな顔して座って、何か言うたら「フッ」ってうなずくだけで、これいったいなんなと思って……まったく反応がないんです。結局、一時間授業しても、なんにも分からんのとちゃうかいなぁと思ったんです。で、聞いてみたら、「いや、このごろの子はみんなああや」って言うんですね。

僕はそこで、ミャンマーの学校の子どもの話をしたんです。ミャンマーの家の写真を見せたり、中学生の生活の話などをしたけど、まるで反応がない。ちいっとビックリでもするとか、同情するとか、うらやましがるとか、善し悪しは別として、なんか反応があるかと思ったらなんにもなかったです。

一時間汗かきもうて喋ったけれどもなんにもならなんだかなぁと思って帰ってきたら、感想文を持ってきてくれたんですね。それを見たら、僕の言いたいことをちゃんと聞いとる。いっぺんそういう国へ行ってみたいとか、そんな国の子どもと一緒に遊んでみたいとかいうようなことを書いていましたよ。だから、まんざら捨てたものでもないんですな。僕はこの間からそんなことをやって、なんか嬉しいような気持ちになりました。

それに引き換え、大人のほうが腹の立つことが多くて。きょう、ビオトープの話をやろうというような気になったのは、分かりきったことでもこういう話をしつこう何回も何回も言わんならんし、僕一人じゃなくって、この「いちいがしの会」のみんなで声をそろえて言うてほしいと思うんです。これから話をいろいろしますけども、どうも黙ってたら、なんかどこかへ引きずっていかれるような今の日本の情勢ですね。ちょっと気になります。

ドイツから来たビオトープと植林

最初に、その「ビオトープ」っていうのはドイツから渡ってきた言葉で、最近は流行語みたいになってます。で、ほんとの意味は「生物の空間を創る」ということです。英語で「バイオ」やし、ドイツ語ではこれが「ビオ」になります。

ヨーロッパのなかで、ドイツというのはいちばん数学に強い国なんですよ。そんなこと知ってます？非常に数学に強いんです。

僕の知ってる人がドイツへ留学したとき、下宿の二階から隣家の庭を見てたら、おばあさんが、たまの土曜日の昼から、「いい天気やし、庭の木陰に座ってきょうはまあ、ゆっくり代数でもやって楽しもうか」と言うて数学を解いてたっていうんです。ちょっと日本では考えられんのう。でも、そういう国なんですよ。

だから、何でも数学とかを使って徹底的に究明するという、そういうお国柄だからドイツで医学なんていうのが発達したんやろうと思います。大体、今の医学とか、いわゆる自然科学のいちばんの基礎はほとんどドイツが発祥の地です。数学を徹底的に使って、その数学をもとにして今の自然科学をつくりあげた。そして、その原動力はドイツにある。だから、今、日本の医者は英語を使うけど、もとは全部ドイツ語でしたわね。で、なんとなしに、ドイツ語で書いたらカッコええと言うて。僕にドイツ語を聞かんといてよ（笑）。

ほんで、いちばん最初に自然を壊してしまった、ヨーロッパの森林を失くしてしまったのもドイツを中心としたフランスとか、あの東ヨーロッパにかけての平原地帯だったんです。ヨーロッパの自然ていうのは、一〇〇〇年も前から全部草地だったんです。二〇〇〇年前も草地です。で、砂漠になる寸前まで荒廃してるんですね。

ヨーロッパの中心部は全部草地になって、とくに海岸寄りのデンマークあたりなんかは非常に荒れるんですね。で、こういう人口の密集地は非常に山が荒れて荒れ地になるから、だからそこにモミの木とか——ま、日本のモミっていうのと違って向こうのやつはトウヒの仲間ですがね——をどんどん植えて、そして自然を回復させてきた。そういう、いわゆる木を植えて自然を回復さすっていうのを最初に手がけたのもやっぱりドイツです。そのドイツのやり方がヨーロッパに広がっていって、そして、そんななかからできた林業っていうのが日本へ入ってきています。

それで、ドイツで始まった植林が日本に入ってきたころには、ドイツではすでにそういう林業はダメだということが分かっているんですね。こりゃアカンからと言って、ドイツのそういう林業が日本に入ってくるかなり前に広葉樹を植える仕事にかかっています。針葉樹だけじゃあかんからもっと広葉樹を植えようってことになって、ドイツではかなり植えてあります。

ところが、その広葉樹を植える仕事のほうは日本へ入ってこなかったんです。こないで、日本は最初に入ってきた植林のやり方をずーっと後生大事にやってきて、その後、あのスギ・ヒノキの植林だけでは困るという話が何回も何回も出ながら戦争で潰れたり、いろいろな災害の事件があったりして、結局、手っ取り早くスギやヒノキを植えるという話が中心になって走ったんです。

とくに、ドイツ人を中心にヨーロッパ人ていうのはね、ものすごくその、自然ていうものを人間の力でどうでも変えられるっていう自信がある。何故こんなに自信をもってるかちゅうとね、ヨーロッパっていうのは日本の位置からいうたら北海道くらいの位置にあたる。北海道くらいやからおそらく寒いだろうと思うけど、事実、日本のこのへんより寒いです。寒いけども、いいことに西側に海があって、そしてしょっちゅう西風が吹いている。その海というのは、アメリカ大陸の南のメキシコ湾流がそのままイギリスまで来るわけです。だから、イギリスあたりで霧が深いのもそのためやし、けっこう暖かい空気と湿りけを運んできて、それがヨーロッパ大陸へずーっと入ってくるんです。だから、日本の北に位置するぐらいの緯度にありながら、実は冬でもけっこう暖かく湿りけがあるんです。だからまあ、砂漠にならなんだんですね。人間が荒らしても、砂漠にならないで草地で止まったんです。

その草地に木を植えて、そしてもっといい自然をつくろうと言うていろいろと試行錯誤したんでしょう。針葉樹のトウヒなんかをいっぱい植えて、それもあかなんだからもういっぺん広

ウィーンの森

葉樹を植えたんです。ウィーンの森なんていうのも、今入ってみたら原生林みたいなすごい森が残っているそうですが、この森も全部これ人間の手でつくったもんです。だから、ヨーロッパ人には、自然というものは人間の手でどんなにでもできる、人間の力ちゅうのは非常に大きなもんやという自信とか考え方で埋まっているんです。

ビオトープの根底に草原の文化

このように、ヨーロッパが「草原の文化」なら、日本はもともと「森林の文化」だったんですね。しかし、その放牧文化（草原の文化）をすばらしい文化だと明治維新の連中が考え、それを見習おうとした。日本がもっていた、三〇〇〇年も四〇〇〇年もかけてつくったすばらしい文化をそこで捨ててしまったんですね。明治維新とは、いったいなんだったのか。日本人が何千年もかけて培ってきた、森林と一緒に暮らすという日本本来の文化を明治維新で捨てたんですよ。

簡単に話をすると、「草原の文化」と「森林の文化」と「砂漠の文化」がどう違うかというと、今の日本の森林はいいことないけど、こんな大きな森林の中で暮らす文化ではみんなが同じことをせんでも生きていけるということです。「わし山にキノコ採りに行く」「わしは釣りに行く」、また、山の谷間で野菜つくったりして、みんなが同じことをせんでも生きていけるというのが森林の文化です。だから、日本に昔から「森の恵み」とかいう言葉があるのはそのためです。

しかし、草原ではみんな顔を見合わすことできる。「みんな寄ってこい」と言えば寄れる。寄り合い相談もできる。相談して、意見集めて、多数決の原理が生まれる。我々はこれを民主主義というわけですが、悪く言えば、これは草原であるがゆえの民主主義です。森林では採決せんでもいいんです。

そして、砂漠というところは非常に厳しい環境です。ここでは、みんながかりで生まれたばかりの子どもをリーダーと決めて、みんなでその子を育ててこの子の意見を聴くようになる。砂漠の民主主義というのはそんなものだと思います。アメリカに言わせたらイスラム社会ほど悪い社会はないように言いますが、それは草原の人間の勝手な考え方で、地球上にはたくさんの環境があり、それぞれの国や地域に応じた自然観に則った生活をするというのが本来の人間の生き方だと思います。

それで、日本にビオトープが入ってきたときに、そういう考え方と一緒に入ってきとるということを知っといてほしいんです。たしかに、戦後の日本と戦前の日本とはまるで別の国ほど変わってるんですね。戦前と戦後、両方の時代を知っている方ならお分かりだと思いますけども、田んぼの畦なんか歩いてたらカエルとかヘビが踏むほどあったしね。田んぼへ入ると果てきりなしに無数の動物が棲んでたけど、これが昭和三〇年ごろを境に完全に消えてしまった。

今になってやってみたら、「あっ、ドイツでやってるビオトープなんてのは、これはすごいってことや」というのをやっと気ぃついたんでしょうね。だから、ここ二〇年ぐらい前からいやにこれが盛んになって、「ビオトープ、ビオトープ」ちゅうのを盛んに言うんです。

ヨーロッパへそういう勉強をしに行った大学の先生なんかが中心になって、ビオトープを広げることが自然保護運動の先駆者であるかのように今言ってます。しかし、さっきから言うてるように、ビオトープっていうのは生物の棲める空間をつくることであって、そんなものはよそへ習いに行く必要は何もないんですよ。

原風景から消える生きものたち

ビオトープていうと、大概、その水辺の環境をつくることが今の日本では流行っています。これは当然ですが、もともと日本には水田があって、日本の国の自然ていうのはほとんど水で囲まれた自然だったんです。その水の中の生きものが全部消えた。だから、水辺の環境をつくろうというのが流行ってるわけやけども、実は、これもやっぱり間違いですね。

我々の身の周りから水辺の生きものが消えただけじゃなくって、畑の生きものも消えたし、山の生きものはもっと消えたんです。何もかも消えてしまってるんですが、水辺でその消えた程度が大きいんですね。それだけのことです。

もう我々の身の周りから、とくにまあ、日本はどこへ行ってももう生きものは減ってしもたです。いちばん情けないのは、子どもたちの体の肌から生きものが消えたちゅうことです。ほんとは、我々の体の中にも生きものが棲んでたんですわね。寄生虫もいっぱいあったし、でもだんだんノミもシラミも知らんような世の中になってしもて。このなかで、ほんとにシラミに咬まれた経験のある人ほん少ないんちゃうかの。ナンキンムシなんて、まったくないんちゃう？

かつて、シラミ、ナンキンムシ、カイチュウ、ギョウチュウとかいうのがあったん知ってる？　こんな、ミミズの大きいみたいな寄生虫やで。腹の中からこんなんが出てくる。なかには、上へ上がってきて口から出てくるとか。「うわーっ」て言うけども、僕は出てきて「あー、ウドンみたいや」て言うて笑うたことあるけどのう（笑）。ほんとです。

ほん五〇年ほど前の話やからそう古いことやない。その当時の子どもにはアレルギーはなかった。子どもは元気だったし、蚊に咬まれても「薬塗ってくれ」とは絶対に学校で言わなんだ。日本でビオトープをやらんならんという事態になったことを、かなり深刻に捉えんならんだろうと思うんですよ。どっか、今、おかしくなってきてるんです。

ビオトープっていう言葉がね、実は一人歩きしとるんです。ビオトープが非常にいいことであるように、今は学校でも教えとるんです。各学校で水溜まりをつくって、そこにメダカとかそういうのを入れて水草を植えたらトンボが勝手に飛んできて卵を産む、

鮎川新橋のビオトープ

と。で、学校とまた別の小さい児童公園があったら、そこにもまたそんなものを造る。神戸市なんか、ほとんど学校にそういうのを義務づけてやらしてるんですよ。そうして、いっぱい水溜まりをつくって農薬の入らない場所を造ったらトンボはあっちこっち飛び回り、かなり広い範囲で移動できる昆虫はみな生きていけるんですね。だから、こうしたら自然観察できるやないか、というような観点でつくってるんです。

それは、ひとつのまあ流行の先端でやってるんです。「ビオトープ、ビオトープ」て盛んに言いだすと、それに目をつけたのが土建業者です。土建業でもビオトープが流行しているんですよ。これは、まったく生きものに関係ないです。そういうビオトープが、今、大塔村の鮎川新橋のはたにありますね。ああいうやつです。要は、土木建築の立場からビオトープを造ったらああいうものができます。で、あれが全国にあるんです。だから、まったく土木工事をやって儲けるのが目的でやったということがすぐに分かるわねえ。

この前も行ってびっくりしたのは、県がやってる親水工事。親水工事って知ってますね。水辺に石段とか石垣をつくって、その間に草が生えるようにして人がそこへ歩いていけるようにする。同じコンクリート工事でも、すき間を開けて植物や動物が棲めるようにするっていうのが親水工事やと……名目はええんですよ。

で、できたのが、見た目にも「工事しました」という工事があって、川底は全部きれいに均して、水辺を歩けるように石を点々と置いたりしたわけですな。そういうのを金かけて造って……まぁ早い話、この近くでは古座川の一枚岩の周辺ですね。いっぺん見てください。

一枚岩と古座川

施設整備で自然破壊

古座川の一枚岩（一一四ページのコラム参照）っていうのは、実は非常に珍しい植物の集中した場所です。ほんとによくもまあ、こんなに珍しい植物がここへ集まったと思うぐらいです。今はもうなくなったけども、たとえばウチョウラン（県の絶滅危惧ⅠB類、国の絶滅危惧Ⅱ類）なんてのもいっぱいあったんですよ。今でもわずかに花が咲いてるけど、崖下には一面に、とくに一枚岩の北側と上流側の谷間にあったんです。それから今、一枚岩の前に川をへだてて土産物店やってますな。あれの陸地側、もう今は道路で埋めてしもたけども、そこなんかはキノクニスズカケが最初に見つかった場所ですよ。このキノクニスズカケっていうのは、日本では和歌山県だけ、しかも古座川の中流域から下流域までのごく狭い地域にだけ生えているものです。もう一か所、串本町にもあるかな。いずれにしろ、そんな珍しい植物です。

そのいちばん中心部を全部埋めてしもて、とくに一枚岩の北側なんかは川底を全部石畳にしてね、こっちに生えとった、今言うたあの古座川付近でないと見られないような植物群落っていうのを全部切ってしもたり、岩についてたやつなんかを全部剥いでしまったりして、まるで磨いたようにツルツルにして「これで美しなった」と言うとるんです。

キノクニスズカケ（国の絶滅危惧ⅠB類、県の絶滅危惧Ⅱ類）

ほいで、こちらの山を「森林公園」と名づけてどうしたかっていうと、もともとあった植林があまりにもできが悪いから、それを森林公園にしようとしたんだろうと思います。土のない岩山に植えとってんから、当然、金になるようなスギは生えてないし、ほとんど伐りまくって隙間にカリン（中国原産の庭園木）植えてます。それで森林公園？　ほんで野鳥の観察やいうて小屋を造って、そこから鳥を見ようという。そらあ、セキレイぐらいは飛んでくるやろうけども。

で、それを古座川でやった。古座川ってのは、ものすごく県が観光に力を入れてるんです。県が力を入れたところはみんなそうなってます。その上流にダムがあります。そのダムの周辺も野鳥公園ていうて、シイの林を全部伐ってしもて中に散歩道が造ってあります。下は、もちろんソメイヨシノをみな植えての。

前にも話したと思いますけども、古座川には日本でいちばんきれいな野生のサクラがあるわけですよ。こいつはホントにきれいなサクラです。色は赤いし、葉っぱよりも先に花が咲くし、紀南特有で花の時期が早い。これは大塔村から南側にしかなく、

古座川の山桜（撮影・楠本弘児）

中辺路にはないんですよ。だから、その花を見ようと思うと、中辺路の街道からもう一つ南側の山へ入るわけなんです。そこから南側、ずっとあります。

そのサクラを全部伐ってしもたです。よくもまあ、こうも伐らんなんかと思うくらい意地になって伐ったというほど伐っています。だから、むしろ今まで少なかった大塔村のほうがかえって多いです。富里から奥のほうにいっぱいありますがね。

そんな花がみな伐られてしもて、代わりにソメイヨシノを植えたんです。そのソメイヨシノは、植えて一〇年も経つとほとんどテングス病にかかって枯れていくんですね。

ついでやからちょっと言うときますけども、ソメイヨシノが何故枯れるかっていうのは、あのテングス病っていうカビが原因です。だから、カビの繁殖するところに植えるとアカンちゅうこと。この紀州はみな暖かいんやから、湿りけの多いところはカビが繁殖するわけです。田辺で言うたら、奇絶峡（見返しの地図参照）なんかに植えたらこれは確実に枯れます。まあ、現に枯れてるから分かるけどもね。そやから、奥地へ植えたらダメです。海岸へ植えたほうがいいけども、海岸へ植えたら潮風でまたアカンしの。

何故ソメイヨシノが弱いかって言いますと、これはクローンです。もともと、江戸時代の中頃にできた一本の木を、全部挿し木と接ぎ木で増やしたんです。だから、もとは一本ですよ。こんな若木やていうても、実はもう三〇〇年以上経ってる木やから強いはずはないね。もとは一本やから、こういう気温になったら花が咲くっちゅうのちゃんと予想できるわけです。あれが野生の植物だったら、そんなことはできるはずないね。みなさんの顔が、みんな一人ひとり違うのと同じですよ。

サクラも一本一本全部本来は顔が違うんですね。ところが、ソメイヨシノは全部同じ顔をしとる。このなかで誰か一人だけいい人がおって、その人の体をむしってバラバラにしていっぱい増やしたんと同じや。ほたら、同じ人が並んでるわけやね。これは、ほんとに異様な世界です。

ほいで「ソメイヨシノはええなあ」って言うんやけど、そら花が咲いたら美しいで、ちゃんと咲いてくれたら。しかし、こういう思想というのはもともと日本人にはあまりなかったものなんです。やっぱり、たくさんの変化があるのが日本人の本来の好みだったし、だんだん、だんだん、そういう点でも変わってきたんかも分からんです。

いずれにしたってね、そのソメイヨシノがいっぱい植えられて、それがさっきも言うたように古座川なんかでは必ず枯れるんです。で、「こりゃ、たまらんなあ」と思うてたら、この間、古座町[1]と古座川町の間にある重畳山《かさねやま》と、すさみ町にある琴の滝[2]の二か所に野鳥の森を県が造ったんです。そこに観察小屋を造ってね、そこから野鳥を観察しようという。

ところどころに道をつけて観察道も造ったまではいいんですよ。でも、観察道からは何も見えんのですよ。見えんからということで、見えるよう

琴の滝

(1) 二〇〇五年、市町村合併で串本町に編入。
(2) 周参見川支流の広瀬渓谷にある滝。高さ約二〇メートル。

に全部木を伐ったんですね。ほいで、「なぜ伐るんな」って怒ったら、「やあ、こういう森林ていうのは、木を伐って間伐することによって森林が発達するんや」ちゅうんです。そら、植林の話ですよ。自然林を伐るっていうことは、ましてやカズラなんて伐るていうのは、いつも言うようにこれもう根本的な間違いですね。

野鳥の棲める森は……

それをやって、しかも伐った木を全部、こう下へ並べて。そら、虫はいっぱい出てくるけども、やがてみな枯れてしまう。第一ね、そこの鳥は全部冬越しに来る鳥なんです。紀州の海岸線の暖かいところは、要はシイやカシのああいう常緑の森っていうのは冬越しに来る場所です。そやから、姿隠せるような森でないと意味ないわけです。落ち葉が下にいっぱいあって、木の実が落ちてあって、それをついばみながら冬越しをするんです。だから、体が隠せる森でないと野鳥の森にならんのです。
で、こちらで冬を越したあと、夏になると山へ上ってきます。もちろん、なかには面倒くさがり屋があって、「みんな行くんだったら、わしここでもう巣つくる」っていうようなのがいますけど……。メジロなんかでも全部上がります。シジュウカラ、ヒガラ、エナガとかというちっちゃい小鳥の仲間もほとんど上へ上がって、できるだけ落葉樹の多いところで巣をつくるんです。

こらね、鳥がヒナを育てるときはどうしたって虫がいるわけです。ほかのときに米などの穀物をついばむ鳥であっても、子どもには必ず蛋白質が要るんです。だから虫が要るわけ。春から初夏に新芽がパッと吹いて、それまで虫がなかったところが、そういう緑の葉っぱが出たとたんにワッと虫が発生するという、そういう落葉樹の森が、いちばん小鳥を育てるのにいいわけです。もちろん、シイやカシも新芽出るからそれで育つことできるけども、その春の新芽の出方は落葉樹のほうがはるかに大きいんです。

この話、あとにつながるんで覚えといてくださいね。

落葉樹は、春にたくさんの葉っぱをつけるんですが、そのつける量は常緑樹より大きいんです。ところが、常緑樹はあとからあとから葉っぱをつけていって、なかにはユズリハみたいに、もうなんせ前へ前へ出るわ、後ろへ落としていくわというやつもいっぱいあるけど、新緑の季節だけで量ってみたら落葉樹のほうがはるかに緑の葉っぱをたくさんつけるわけです。だから、それを食《く》う虫が多いと、そこへ鳥が集まってくる。遠いのに、鳥が夏になったら北のほうへ行くのはそのためやし、富士山の中腹なんかへ野鳥を観察に行ったら五〇種類もの鳥が見えるとかっていうのもそのためだし、信州なんかへ行くとほんとに野鳥が多いんです。

もっと北、北海道からはるか北のいわゆるツンドラ地帯へ行くと、凍土が溶けたそのほん狭い土であっても日照時間がものすごう長いでしょ、一日のうちの一五時間も日が当たってるわけやから葉っぱが大きいんです。北海道のこんな大きなフキなんか見たら、「あがなところに何故あんな大きなフキできるんな」と思うでしょうが、それはこのためなんです。

結局、北へ行くと夏は温《ぬく》うて、しかも光が多いから植物は大きくなる。そんで、寒くなったらグシャッと枯れ、来年に備えるわけです。ところが、こっちはそうじゃなくって年がら年中緑を保ってるから新緑の葉っぱをつくる量は少ないけど、トータルでは常緑樹のほうが多いんです。

ただ、鳥なんかが利用するのには落葉樹のほうが便利やから北へ行く。また、冬は必ず温《ぬく》いところで、霜も当たらん木陰へ餌をとりに来る。だから、紀州で野鳥の森をつくろうと思ったら、常緑の深い森をつくっとけばいいわけです。それ以外に、鳥のための自然はあり得んです。

それを踏まえて考えたら、大概、いっぱい間違いやらかしてるのう。あの、こういうのがほんとのビオトープなんです。そういう生きものが生きていけるような空間をどうやって育てるかということがビオトープであるとすれば、何でもかまわんのですよ。

生物の三要素、水と土と空気

いわゆる、自然界の三本柱っていうのがあるんですよ。三本柱というのは、「生産者」と「消費者」とそれから「分解者」ですね。この三つが全部つながってるわけですね。

どうつながるかっていうと、これ、もう分かった話をしつこう言うんや

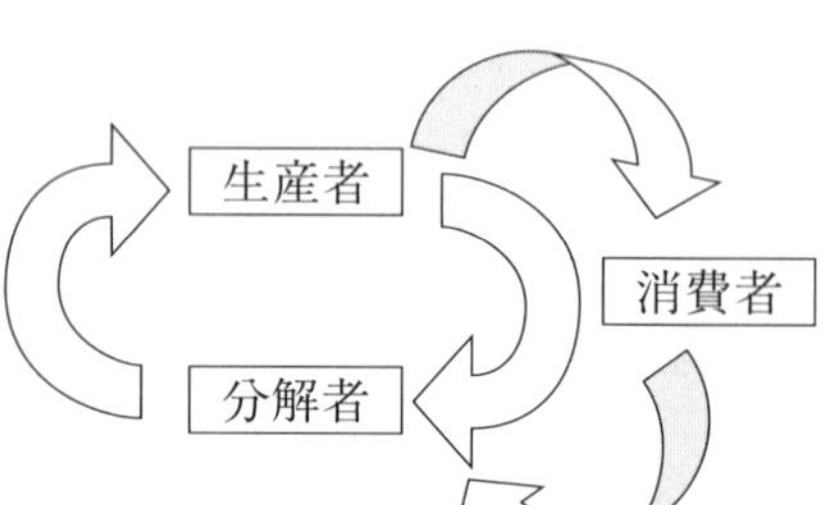

自然界の物質循環のなかでは、消費者は扶養家族

自然界の三本柱

自然界の三本柱について語る後藤先生

けども、生産者というのは植物です。自然界の栄養は全部植物がつくるわけやから、まあ、当たり前の話ですがね。これは、植物以外にはできんのですよ。

消費者っていうのは動物です。なかには動物でも生産しているやつがあります。たとえば、イソギンチャクやサンゴみたいな連中は、体の中に植物を入れ込んどるんです。だから、サンゴなんかは動物ですから消費者でもあるわけです。消費者であると同時に、生産者にもなっとるというけったいなやつです。

で、生産者と消費者の死体を全部分解して、水と土と空気に変えてしまうのが分解者です。生産者が死んだり消費者が死んだりすると分解者が分解して、結局、もとの水と土と空気になります。この空気と水は植物の体内へ入っていって、水と土と空気とで養分を生産するわけです。

分解者は、陸上ではササラダニ（六九ページ参照）のような土壌生物がその代表です。水中では微生物が中心でしょうね。それで、日本の教育のなかでこの分解者だけが今まで抜けてきた。みなさんも、分解者がどんな働きをしているのか、教科書に出てこなかったので学校で習ったことがないはずです。

生産者である植物が、葉っぱの中でどないしてブドウ糖を合成し、脂肪をつくり、蛋白質を合成してということは学校でやるんです。さらに、そういう植物を消費者である動物が食べて腹の中でどう消化していくか、そしてこれがどう栄養になっていって、その栄養がどうエネルギーになるかということもしつこう高校の授業でやるんです。

ところが、こと分解となるとさっぱりやらない。何故かというと、自然科学というのはヨーロッパでできた学問だからです。ヨーロッパの草原の科学のなかでは、分解者というのはあんまり大きな影響がないんです。それが欠けてるわけです。それで、分解者をなくすると、ここに生産者と消費者の二つで自然界ができあがっていることになるんです。これがそのまま経済学に応用されて、需要と供給の理論ができてきたんです。需要と供給だけで理論を組み立てたら社会は急激に発達できるんです。ところが、これに分解を入れたら社会は発達できないんです。

かつての日本なんかには、この分解っていう機構があったんです。昔の江戸は、世界で唯一の一〇〇万都市でありながら、ゴミ問題とかし尿処理の問題は何もなかった。みんな、近所の農家の人がし尿を汲んでいって、それを畑へまいて肥料にして、そこでできた野菜をまた江戸に持ち込んでくるという完全な循環システムができあがっていたんです。その代わりに、人口は集中したけれどもヨーロッパの大都市のような発展はしなかった。

それが、江戸から東京になった途端にゴミ問題で苦しむことになったんです。結局、日本のやり方をスカッとやめてしまってヨーロッパ的になった途端、日本はゴミ問題に苦しみ始めて、今はもうにっちもさっちもいかない。結局、今の近代社会というのは分解機構というものをまったく考えないで発展してきたということです。こんな大きな話をし出したら止まらないので止めますけれども……。

だから、中学や高校で、なんやいろいろの元素のことを言うたり、蛋白質がどうやこうやとあんまり込み入ったことを習うと、結局みんな忘れてしまう。しかし、仏教のお坊さんなんかがときどき言うけども、「人間は、しょせん土と水と空気や」のほうがよっぽど分かりやすい。

仏教では「人間は土に還る」、キリスト教では「天に昇る」って言うけど、同じことですよ。人間が、土になるか水になるか空気になるか、結局この三つでできとんねやから。そやから、まあ賢そうな顔してあろうが、べっぴんであろうが、しょせん土と水と空気や、とね。ミミズであろうがイソギンチャクであろうが人間であろうが、みな同じなんです。

そのうちで、いちばん多いのは水です。水という形で我々の体にも六〇パーセントぐらい入ってるわけです。それなら「体の三分の二は水か」と思ったらそうやなくって、残りの成分の大半もまた水でできてるために水は非常に多いわけですね。だから、地球に水があったということが生命をつくったいちばんの根源になるんでしょうね。

水っていうのは極めて重要なもんであるし、わけの分からんもんである。この間も、化学《ばけがく》の先生が、「何が分からんというたて、水ほど分からんものはない」と言ってました。第一、普通の物質は温度が下がっていったら体積が小さくなるのに、水は四度より下がったらまた体積が増える……と、「わけ分からん」と言うてえらい悩んでました。けども、それはもう中学校の時分からみんな習って知ってるのに、誰も不思議に思わんとね。

ビオトープのつくり方のいろいろ

だから、ビオトープなんていうのは簡単にできるんです。赤ん坊に湯を浴びさせるときに使ったちっちゃいお風呂（ベビーバス）ありますな。それに水を溜めて、まあ温度あんまり変わらんようにちと地面の中に埋めて、それでパッと池ができますな。これに生産者（植物）を入れるんです。放っといても植物は入ってくるけども、ちょっとなんか草を入れるなら水草を入れましょう。水草を入れるためには、底へ泥を敷かんなんわね。だから、水槽の中に土を入れてそれに水草を入れる。これで生産者ができるわけです。そのまま置いときゃ消費者（動物）は勝手に飛んできます。飛んでくるのが待ちきれなんだら、入れてもかまんのです。で、消費者を入れる。消費者が死んだらやがて分解者が分解してしまいます。分解して、その分解したのがまた生産者へ戻って植物を育てることになります。

この三者のバランスです。植物がいっぱい生えすぎて生産者が多すぎたら動物の棲む場所がなくなるし、消費者（動物）が多すぎると、食《く》ってしまって生産者がなくなるからダメになってしまう。大体、植物を少のうして動物をよけいに入れたがるわけやね。動物をよけい入れたら植物がなくなるから、やがて動物が死んで、分解者が動物を分解して水と空気とにするのに時間がかかります。ほいで、その間に水が腐ってしまうわけや。だから、欲張らんとちっとずつ植物と動物を入れて、そいつらが死んで分解されて水が腐らない程度の量を飼えばいいわけです。

さてビオトープですが、いちばん世話のないのは放棄水田に水を溜めて「水田」にしてつくる方法です。昔の、農薬が使われる

田んぼを生かした秋津川ビオトープで遊ぶ子どもたち

前の水田ていうのはめちゃくちゃに生きものが多かったんですよ。多かったんで、そういうものを使ったら子どもたちの友達がいっぱいできるわけですよ。カエル追っかけたり、メダカつかんだりとか、フナをどうしたとかっていうような話は、全部水田環境があればできるわけです。しかしこれには、人手を入れなけりゃならん。いつでも人が入って踏んだり、子どもが中へ入ったりね。ほんで、草が生えすぎたら引くとかという手間がかかります。

もうひとつ、水田ていうのは半年間は水がなくなるんですよ。半年水がなくって、半年は水を入れるわけです。そんなことを繰り返すことによって、もっとたくさんの生きものが棲めます。田んぼへ水入れたら、じきにホウネンエビとかカブトエビっていうのができてくるやん。あれなんかは、水を溜めっぱなしだったら死ぬんですよ。水を溜めたときと空にしたときがあると生きていけるというやつです。だから、まあ水田に棲んでる生きものちゅうのは、けっこう水がないときがあっても生きていけるような連中です。だから、水をしょっちゅう溜めっぱなしにするのもビオトープのひとつの方法ですけども、溜めたり溜めなんだりするのもひとつの方法なんです。

もっと面白いのは、いったん田んぼをつくっておいて、水辺の生きものがいっぱいやってきたらそれを放りっぱなすんです。そしたら、だんだんだんと草が生えてきて水がなくなります。やがて草が大きくなって、その草の間に木が生えてきて、しまいにはハンノキの森になるとかっていうのが見えたら、「あ、森林ちゅうのはこうしてできるんや」ていうのが研究できるわけです。

こういう息の長い調査なんちゅうのも面白いし、水を溜めっぱなしにしたら溜めっぱなしで、生きものの中身がどんなに変わっていくかっていうのを観るのも面白い。

森林の成長を助けるカズラ

それで、この学区なんかではね、雑草園みたいなの造ったらええと思います。草生えて、一切触らないっていうの。たとえば、学校の庭の一角になんかに。

僕は田辺高校におるとき、そういうことをやったんです。そしたらまあ、校務員に叱られました。いくら言うても言うことを聞かんもんやさかい、あっちこっちへ言いさがいて（言いふらされて）、しまいには教頭や校長にまで、「あれを何とかせえ！」て言われて。「絶対にせん。これは貴重な教材や」ちゅうて、何が生えようが中庭を雑草園にして。そしたら、もちろんセイタカアワダチソウいっぱい生えてくるやないですか。「ええやないよ、こんな黄色い花、美しいやない」って言うて。

ちょうどあの時分に、公害の草や言うて嫌がったころに、「こがなきれいな花がいっぱい咲くのよそにないよ。わざわざアメリカから来てくれとんねやから、喜んで見たらええ」て言うたら、そのうちにその草がいっぱいになってやがて消えていくんですよ。

まずは、毒を出してほかの植物を枯らしながらどんどん増えていくんです。増えていったら、しまいに自分ら同士で殺し合いをするんです。そして、やがて絶えてしまうんです。そういう様子をずっと見たんです。そうやると面白いです。しまいに、そこに木が生えてきます。そのあとへどんどん木が入ってきて、その木の下にまた木が生えて、やがて大きな森林になるわけです。

それと、今、我々がやろうとしている「自然の森林を復元しよう」というときは、いったん植えて、ある程度大きくなってきたらもう一切手を入れちゃダメです。つい植えた木だけ残して、ほかを刈って世話したくなるだろうがね、それはやっぱりできるだけ止めてください。種をたくさん蒔き、苗をいっぱい植えて、そのうちに大半が動物に食われてなくなってもええと思うんです。

大体、植物の種のほうは、一本のこんな大きなシイの木があったら一年にもう何万ていう実を落とすわけです。まあ、毎年やなくても隔年に実をならすでしょう。でも、シイの立場になってみたら、そのうちから何十年に二本か三本シイの木になったらそれで満足なんです。あとはみんな、ほかの動物の餌になりゃええわけです。

年に何万か落ちたなかの一本か二本がどっかで苗になって木になっていく。それを一本になるところを三本にしたら、そのシイの森はものすごう広がる理屈でしょ？　だから植えたものは必ず大きくなれというのはちょっと無理やし、カマで刈り取ってしまうのは困るけども、まあある程度動物に食われるのを覚悟のうえで植えるのがほんとやし、生えてしまったらもう触らないようにせなあかんのです。

で、カズラが巻き付いて枯らすのもあるけど、そのカズラも自然ということです。なんせ、今の山仕事をする人は、腰にナタを持っていて、前にある蔓《つる》は必ず切るという癖になっている人があるんですが、これからそういう人を見たらできるだけ止めさせてください。蔓っていうのは非常に大事な植物ですよ。

数種のカズラが絡み合う

実は、昨日、一昨日の晩に神島《かしま》へ行ってきたんです。そしたらまあ、カズラでカズラでまったく身動きとれんのですよ。カズラを踏んで登っていって、蔓に足をとられて転んでも地面に落ちんほどカズラが重なり合って巻き付いとる。それはね、前から神島の森が傷んでて、そして四年前の台風で樹木がペタンペタンに倒れてしまったんです。それで、木が倒れたところに光が入ってくるといっぺんにカズラがバッと出てきて、その隙間をみんなカズラが埋めるんですよ。そしたら、日陰の植物は枯れないです。その間に、木が大きくなって上へ出てくる。植物が上へ突き抜けて出てくる。そして、森林が大きくなったらカズラの葉っぱはなくなります。

そうやって、カズラっていうのは森林を大きくする非常に重要な役割をしとる。山では、しょっちゅう大きな木が台風とか雷で倒れるんですよ。そして、倒れた隙間を全部カズラが埋めるんです。だから、直射日光で下の草が枯れないです。カズラっていうのは、それほど重要なもんやから大事にしたってほしいんです。カズラが巻き付いたらつい切りたくなるやろうけど、そこはもうじっと我慢してください。

◇ 神島 ◇

田辺湾に浮かぶ、「おやま」と「こやま」からなる3ヘクタールの小島。タブノキを中心に発達した紀伊半島南部の典型的な照葉樹林に覆われる。古くから貴重な生物の宝庫として国外にも知られ、南方熊楠も極めて貴重な稀少種が多くあるとして完全な保全を訴えた。1935年、国の史跡名勝天然記念物に指定。後藤は、「荒廃していく周囲の自然に対する〈自然のものさし〉のような役割を神島にもたせることに熊楠の真意があったのでは」と推察していた。

常緑の森の保水力は桁違い

「里山を守る」という運動をしている人が、関東を中心にたくさん増えとるんですよ。その里山っていうのが、実は地域によってまったく違うんです。話には関東の里山運動がいちばんよう出てくんねけども、関東で言う里山と我々が言うてる里山とはまるっきり違う。和歌山県でも、紀北と紀南ではまるっきり違うもんです。それで、沖縄なんかへ行くとまた違うわねえ。だから、「里山」っていう言葉は同じであっても中身はまるっきり違うから、そのつもりで見てもらわなあかんです。

だから、テレビなんかでよく出てくる説明を聞いてると、クヌギとかコナラの林が里山の本来の姿やという。そこには絶えず土地の人が入って薪を伐り、キノコを採り、草を刈って、そして農作業に役立て、水源のためにもそういう森が大切にされてるという話をします。それで、そういう関東の人の里山運動の話で、「しょっちゅう人が入って、下へ生えてくる木を伐らなかったらやがて常緑樹の森になって里山が潰れてしまう」ていう話があるんです。

関東におけるほんとの姿はシイカシ林ですよ。このへんとあまり変わらん森林です。しかし、関東には非常に古い時代から放牧民族が入ってる。大陸からのたくさんの文化が入って、とくに関東の北部の群馬とか栃木とかは、古い時代に外国人、つまり大陸からの人を入れて開拓させてます。そのために、かなり放牧文化が入ってます。

放牧文化の人は、なにしろ森林を伐り払って草地をつくるんですね。草地つくらなウシもウマも飼えんから。こういう人らには、木や森林は邪魔になるだけのもんで、草地はすばらしいとこやということです。だから、ヨーロッパの童話なんかに必ず「森には魔物が棲んでる」とか「妖怪が棲んでて……」というような話が出てくるのはそのためです。なんせ、森はないほうがいいんです。

ついでに、テレビに出てくる森の写真も、木があって下は芝生ですね。下が草地で、それにポツポツ木があって、若い女の子がスカートはいて走ってるなんていうのは森じゃないですよ。日本の森っていうのは、そんなもんじゃないです。スカートなんかはいてたら大変なことや。

植えたのを森と言うてたら、これはもう話にならんのです。ほんとはなんちゅうかね、あの関東地方なんかで人手を入れてしょっちゅう刈り取ってるとコナラの林とかクヌギの林はいつまでも続くんですね。それを放っとくと、必ずもとの自然の木が生えてきます。だんだん、だんだんと常緑樹が入ってきて、シイとかカシが増えてくると非常に下が密閉されて、下が薄暗くなって今まで生えてた植物全部消えます。それを見てたら、「ああ、常緑樹が生えてきたら植物は減ってしまうんや」という理屈が成り立つんです。おまけに、さっきも言うたように、落葉樹と常緑樹と比べたら、春、新芽が吹くとき、もともと何もない冬芽から大きな葉っぱのカシワとかコナラとかクヌギの葉っぱがワーッと出てくるわけでしょ。その葉っぱのできる量っていうのは、もともと葉っぱのあるカシの葉から新芽が出るのと比べると葉の出る量が違いますよ。

冬中、じっと我慢して、春になってパッと出るのが落葉樹の特徴やからどっさりと葉っぱを出す。落葉樹と、もともと葉っぱがあるのに春になって新しい葉を出して古い葉を落とすという常緑樹との量を比べたら落葉樹の生産量は大きい、と。それに比べて、常緑樹が増えてくると山での落葉の生産量が落ちるんやという理屈が出てくる。春の一か月間にできる葉っぱの重みを比べてみたら、ああ落葉樹のほうがはるかに大きい、と。だから、生産力はこっちのほうが大きいんやから、森としては落葉樹のほうがええんや、と。

とくに、「ブナ林がすばらしい」て盛んに今言うでしょ。さらに、「ブナは水をこんなに貯めて、こんなに吸う」て言いますね。それを見たら、「ああホントにブナ林のほうがええんかな」て思うんです。

何故ブナ林がええかて言うと、日本には原生林の状態のブナ林があるんですよ。原生林だから、ちゃんと水を蓄える力が大きいんです。しかし、常緑樹の原生林があったら、これはブナ林よりはるかに水を蓄える力ずっと大きいです。ただ、残念ながら、そういう原生林はもう伐ってしもたからないんです。だから、那智ノ滝の端のほうにある森林とか、大塔の奥のほうにある森林がもし全部伐られないでちゃんと源流まで残ってたら、森の保水力なんてそら桁違いのもんになってるんです。

あの、ほんとの原生林ではないけども、大杉、黒蔵谷に照葉樹林が残ってたところに、調べに行ったときは、いつも富里の桐本さんていう人のところに立ち寄ったんです。

「おい先生、ゆうべ降ったど」と、富里で一晩に二四〇ミリ降ったて言うんですよ。だから、「お前ら行くとこ、まだだいぶ降ってるで。もしかしたら三〇〇ミリぐらい降ってるか分からんけど、それでもまあ行けるやろ」って言われて、行ったんです。もちろん増水してましたけど、森の中へ入っていって、その黒蔵谷の奥へ入ったら水嵩が一〇センチほど増えとるんです。でも、濁ってなくてきれいな水でした。

きれいな透き通った水が流れるっていうのは、もうかなり大量の水が流れてしまったという証拠です。二〇〇ミリ、三〇〇ミリも降ると水は透き通ってくるんです。一〇〇ミリぐらいのときは茶色の水が出てきます。あの落ち葉の汁が出てきて……ちょうど番茶のようです。今、まだ一応百間谷《ひゃっけんだに》でもそういう傾向がありますね。本来、川の水っていうのはそんなもんです。だから、二〇〇ミリ、三〇〇ミリの雨では、本当の照葉樹林のまともな森林があったら何も怖いことはない。水害のもとにはならんのです。

そういうことを思ったら、やっぱりブナ林よりも照葉樹林のほうがはるかに保水力が大きいです。ていうのは、もともと照葉樹林ていうのは、そういう雨の多いところで発達した森林ですから、そういう大雨に耐えるようにできとるんです。だから、さっきも言うたように、和歌山県では北のほう、有田以北では大体コナラの林です。ま、クヌギは本当は植えたんでコナラやクヌギの林。そして、紀南のほうは、シイを中心としたシイとかカシの林。場所によったらウバメの林もありますがね……それがこっちの里山です。

雨が降るとまずこげ茶色の水が流れる

この間から、ちょっと前田亥津二先生[3]の仕事を手伝いに美里へ行ったんですよ。そしたら美里ではね、ここ五〇年山を伐らなかったら、今まであったコナラの林が全部シイ林に変わっとるんです。見たら、なんとシイの林でシイがこれくらいの太さになってね。で、シリブカガシとかアラカシとかがいっぱい生えて、大体五〇年経ったらこのくらいの林になるの。だから、そういうところへ行ってみたら、なんと驚いたことに、紀北では非常に珍しい熱帯系の昆虫のイシガケチョウとかクチキコオロギとかいう、なんか熱帯生まれのものが入ってきて、紀南では一応多いけども紀北ではめったにないというやつがちゃんとそういう里山に入っとるんですよ。

だから、やっぱり常緑樹が増えてくるとこんだけ虫の生活も変わってくるんやなと思いました。冬、そんだけ暖かいんですな。冬に冷え込まないんですよ。でも、落葉樹だと冬に葉がないわけです。だから、霜は直接地面まで降りるやないの。ところが、常緑樹になってきたらちゃんとした葉っぱで上を囲っとるから、まあビニールハウスみたいなもんです。だから、そこで生活する動物が変わってくる。

そしたらね、面白いことに、今までなかったカモシカやシカが出てきたそうです。カモシカやシカなんていうのは、おったら困るやないかと思う人もおるけども、実は紀北にはほとんどなかったんです。あんなものは増えすぎても困るけども、ないのも実は困るんですね。

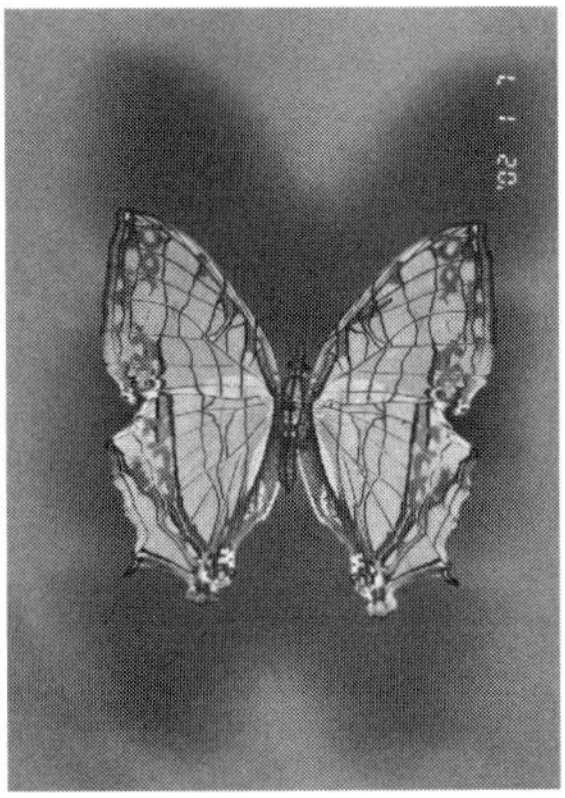

イシガケチョウ
開長50～55㎜

(3)（一九二五～二〇〇四）美里町生まれ。三六年間海南、海草地方の小中学校で教鞭をとり、国吉小学校校長を最後に退職。主に、鳥類の観察研究を行う。大塔山系の保護運動以来、常に後藤と行動をともにし、自然教育活動や保護活動、「いちいがしの会」にも欠かせない存在だった。美里町の教育委員、文化財保護委員などの要職のかたわら、日本野鳥の会和歌山県支部長、県立自然博物館友の会会長を長く務めた。著書に『美里の自然』（美里町教育委員会）『美里町史』（美里町）『ブラインドの窓から』（自費出版）などがある。

幼児期に必要な動物的体験

これは前にも言ったかもしれませんけども、ちょっと大事なことで、ぜひとも頭に入れておいてほしいのは、「人間ていうのは人として生まれたんでない」ということです。生まれたときは人じゃなかったです。人じゃなくって、哺乳類として生まれたんです。だから、大人のイヌとかネコみたいな生活をさせないと人間になれんということです。生まれたら、じきに人間並みに扱こうて「幼児教育や」言うて騒いでるけども、あれは間違いですね。まず、動物であるという動物の生活をさせなあかん。

人間なんて、最初は受精卵、細胞ひとつで始まるのやから言ってみれば原生動物です。で、細胞がいくつかに分かれてきたら中生動物っていうのになるんですが、そして大きくなってきて、やがて母さんのお腹の中でだんだん育っている間にだんだん細胞の数が増えてくる。その間にオタマジャクシみたいな形になり、それに足が生えてイモリみたいな格好になり、やがて目とか爪ができてきて、「ああ、これはなんとなしには虫類ぐらいか鳥やな」という感じになるんです。そのへんまでは、子どもの形はみんな同じのはずです。

そうやって生まれてきたときは体中に長い毛があって、このごろは歯まで生えたやつも生まれてくるけども、なんせあのヨチヨチ這うときは哺乳類としての生活が必要であるということです。よつんばいのときに人間並みに扱うのは間違いや。あのときは、なんでも拾って食うんや。拾うて食う、あれが必要です。長い間、こういう話を僕はしてるんですけども、なかなかみんな言うことを聞いてくれへんけど、この間、高校の芸術科の先生の会があって、そこで芸術教育の専門家を前にして、「芸術教育なんていうのを子どものときにやらすのは間違いや」ってやったんですよ。もっと大事な、風の音とか虫の声とか、木や花の香りとかという自然のものの美しさ、そういう基本を身に付けないでいきなり音楽教育やとか書道やとか美術やいうても、そら通らん。そら、大人が勝手に楽しんでやってるだけのことで、子どもの成長を止めるだけや、という話をしたんです。誰か文句言うかと思ったら、一言も言われなんだからよかったんでしょう。

あの、なんか人間が人間になるまでに動物としての原体験が非常に大事やと思います。この間、ノーベル化学賞をもらった人（白川英樹）がなんかのインタビューのときに、「そういう自然体験が必要や。それをしないかぎりまともな人間になれん」ちゅうことを言ってましたわね。「ああ、なるほど。この人は言うなあ」と思ったんですけどね。

だから、子どものときはやんちゃで、小学校へ入る前ぐらいにカエルを追っかけて見るたびに踏んづけたりするのを大体の人がやってると思うけどなぁ。ほかにも、トンボの尻尾へ糸つけて飛ばしてヨタヨタ飛んどるの見て喜んだり、「もっとヒモが太いほうが面白いで」って言うて毛糸をくくりつけたり、あげくの果てにくたばるのを見て喜んだりする。残酷なようにも思うけども、実はこういう遊びっていうのが大事なんです。毎日毎日疎《うと》けて(4)、カブトムシとかクワガタを捕っては殺し、捕っては殺しやってるけども、ああいうのがやっぱり大事です。そういう経験をさせないで大人になったら、やっぱりまともにならんで

（4）　この場合は「無我夢中になる」という意味。

しょうね。子どもたちにそういう環境をつくってやるのが、今の我々の仕事だろうと思っています。

そこで、ビオトープにそういうような意味があると考えたら、「せっかく飼うてんねから絶対に殺すな、触るな」っていうようなことでは、子どもの成長をそこで止めてることになりますな。

それと、自然観察でいちばん大事なのはね、生きものを見るときに「その目の高さで見る」ということです。僕は、これを徹底的に栗栖太一ちゃん（第1章参照）に仕込まれてんけども、「動物がおるときは必ず同じ目の高さで見よ」って。というても、そがな哲学的なことを太一ちゃんは言わんと、「にぃやん、おまい、床で寝転んでたらよう見えるんやで」って言うんやけども、たしかにその通りなんです。歩きながら見るのと炭焼小屋——炭焼小屋の床っちゅうのは、柱一本分だけ地面から離したあんね——の床の上に寝て見るのとは違うんですよ。そこで寝たら、ほんとにテンとかイタチとかが同じ目の高さにいるわけです。そしたら、やっぱり面白いです。向こうは警戒せんしね。いろいろのものが見えるんです。そういうようなことも大事なんです。

それから、「たまたま動物を見た」といういろいろな話を聞きますわね。歩いてたら合うたとか。それは、そこに動物がおらなきゃならん理由ていうのがいっぱいあるわけです。たまたま、偶然合うたんじゃないんですよ。本人は偶然合うたと思ってるかもしらんけども、「自然のなかには偶然ということはまずない」と思ってください。だから、鳥が飛んできたら、その鳥がそこにおらなければならん理由がちゃんといくつかあるんです。いくつもの理由があって、そこにおる。

トンボの観察眼で溶鉱炉温度を識別

だから、チョウチョなんかヒューッと飛んでますね。あの飛ぶのよく調べてみたら、全部チョウチョの道があります。で、その道が分かると分からんとでえろう違うの。僕とつるんでる、山仕事をしてる深見さんていう人はね、チョウチョを盛んに採ってくるんですよ。

「なんか、どういう理屈か僕には分からん。分からんねけど、このチョウチョは卵をこういう木の、こんなところに産むんや」って、僕が家で話をするんですね。そしたら、フンフンて聞いてて、明くる日になったら「ほい、採ってきたぞ」ちゅうて卵を採ってくるんですよ。

で、メスアカミドリシジミ(5)っていう珍しいきれいなチョウチョがある。「この卵はヤマザクラの枝の、こう枝が分かれて、このちょっと箸ぐらいの太さの枝の太なった股のところへ卵産んであるんや。その卵の大きさが大体〇・七ミリぐらいや。ルーペで見たらイガイガあるから、そのチョウチョの卵やいうことがすぐ分かるんや」という話を

(5)　ミドリシジミ類のなかで唯一サクラ科を食餌植物とする。

メスアカミドリシジミ
開長30〜35㎜

護摩壇山のブナ林。スカイラインが尾根を走る

したら、明くる日に「こいか?」と持ってきたら、ちゃんとそれだったです。で、「よう分かるな」って言ったら、「うん、なんとなしに分かるんや」て。見たら、なんか「ここへ産みそうや」って思ったちゅうんです。「あ、こら太一ちゃん並みやな」って思って……。

この間から、護摩壇山でこんなチョウチョが出てるんです。ウラキンシジミという非常に珍しいチョウチョなんです。和歌山県で、今までここ五〇年の間に二〇匹ぐらい採れてるんでしょうか、そんな少ないやつです。一年に一匹採れるかどうか分からんです。そのチョウチョを、「いっぱいあったで、欲しけりゃほしいだけ持っていけよ」って言うて、ワッとこのくらいくれたんです。「あんまりようけあったんで、まあ四〇だけ採ってきたんや」言うて。

どうなってんのかねえ。それで聞いてみたら、ウラキンシジミは最初四、五匹採るときまでえろう感激して一生懸命見てたら、「あれ、飛び方決まっとる」とか言うんですね。止まるの好きな枝と、嫌う枝があんので、好きな枝のところで待ってたらそこへ果てきりなしに来るんやと言うんですよ。そんなにして、なんかチョウチョと話ができるようになったらかなりみんな分かるんですけどね。またそうならないと、ほんとは自然観察ちゅうのはモノにならんのですよ。

見てたらね、やっぱり熱心ですわ。僕らみたいに山へ入って、日カンカン当たった頭、直射日光当たるさかいやけども、じきに暑いさかって言うて陰へ逃げ込むというようなことはありませんですね。まあ、言い出したら果てきりないのであんまり長いこと喋りませんけども、子どもにそういう自然観察の目を発達させるのにはやっぱり日常生活がいちばん大事で、何かの観察会のときだけ来るようではあかんわね。

昔ね、トンボの好きな子がおってね、飛んでるトンボの飛び方でトンボの種類が分かるんですよ。夕方、いろいろヤンマ飛ぶの、その全部の名前が分かるんです。夕方に黒いやつがシルエットでシューッと飛ぶでしょう。その飛び方だけで分かるような子どもがおって、その子が中学生のときにたくさんのトンボを集めていろいろ調べてたんです。

で、高校はなんと工業高校に行ったんです。「また変ったところに行ったなあ」って言うたら、「いやぁ、普通科へ行きたかった。行って虫のこと調べられるところへ、そういう学校へ行きたかってんけども、これ金にならんさかいにお前やめとけと言われた。金になるんだったら工業科のほうがええさかい、工業高校へ行け」て言われたんで工業高校に行ったんです。

工業高校へ行って卒業したら、どうしたて生きものに関係のない金属の溶鉱炉のあるような仕事です。そして、そいつが溶鉱炉の温度とか、そういうのを管理するような仕事をいっぱいやって、溶鉱炉の前をウロチョロしてたらしいんですよ。虫の好きなやつがそんな仕事して、あいつノイローゼにならへんかなと僕は心配してたんですね。しかし、なんとそこで非常に重要な役になってしまったんです。溶鉱炉の火を見たら、その火だけで中の温度が分かるという非常に貴重な人間だ、って。

大体、日本の中小企業なんてのはね、一人か二人、特別な能力のある人がおるもんですね。それが、世界をリードするような精密機械なんかをつくる軸になってるんです。その子も、そういう人間になったですね、やっぱり。

ほかの人はどんなにしたって分からんのに、そいつだけ遠くから見たら溶鉱炉の中の温度が分かるというんで、これはやっぱり直接聞こうと思って同窓会のときに聞いたら、「うん、トンボと一緒や」って言うんです。トンボの飛び方で名前が分かるほどの観察力ありゃ、溶鉱炉の中の火だってちゃんと分かる……阿吽《あうん》ですよ。人間の能力なんてのは磨いたら果てきりなしに磨けるもんやから、そういうのはやっぱり小さいときからのこういう経験がすごい潜在能力になる。だから、虫の好きな子どもがまったく別の方向へ進んでも、やっぱりそれはそれですごい能力が出てくるんだろうと思ってます。

後藤伸と私　ビオトープ回想

吉田元重
（和歌山県立自然博物館協議会会長）

　後藤さんとは、何回となくご一緒に上京している。それらは日本昆虫学会、日本生態学会、黒蔵谷保護の陳情、学生科学賞受賞などである。平成四年（一九九二年）のころであろうか、ご一緒して白浜空港から羽田に着いた。たしか、「東京で面白い構想があるから」とお誘いを受けたのである。

　アメリカ大使館にほど近いホテルをとったのであるが、どうやらこれは後藤さんの教え子である垣矢さん（当時、農水省勤務）が手配してくださっていたようである。この垣矢さん、黒蔵谷での調査のときにゴンニャク山の山頂で、夫婦の滝のほうから若い男がブッシュをかき分けて勢いよく登ってきた。私はこのとき、なんと無謀な、しかしファイトの塊りのような人だとも思った。それが、垣矢さんであった。

　東京に着いた翌日、垣矢さんの案内を受けて筑波学園都市に向かい、守山弘[1]氏とお会いした。時間の関係があったのであろう、すぐフィールドに出て、まずできたばっかりの「ビオトープ」に案内してくださ

（1）（一九三八〜　）神奈川生まれ。農水省　農業環境技術研究所植生動態研究室室長、理学博士。著書に、『自然を守るとはどういうことか』（農文協、一九八八年）など多数。

った。私はビオトープという言葉をこのとき初めて耳にしたのだが、おそらく後藤さんもそうだったのではないかと思っている。

そこは筑波学園都市の丘陵部、コナラの林の中であったと記憶している。そこに幅約二メートル、深さ三〇センチ、長さ五〇メートルばかりの水路が造られていた。防水はコンクリートでなく、ビニールシートの二枚重ねである。説明によると、ここに水を溜めたその日の夜、早速タヌキの足跡が造ったばかりの土手に付いていたという。水は水道水を使っているので量は充分でないが、トンボ類や水生昆虫などが棲み着き、昔の武蔵野がここに蘇ったと説明された。それに、水路の下手《しもて》には水田までが耕作されていた。

このほか守山氏は、スギの造林地にいかにして鳥類を繁殖させるかについても話をしてくれた。

「人の手が入ったら、結局、自然は逃げてしまう。ネズミでも獣もみんな逃げてしまう。里山ならば、人が手を入れてつくったものは、徹底して手を入れ続けないといけない。自然に戻すのなら、人の気配を極力除かなければならない」という感じで、ビオトープというものについて初めて教えてもらった。温厚で説得力ある氏の説明を聞き、後藤さんと二人、感動して帰ってきたのである。

守山氏に会ったあと、後藤さんから「いい場所見つかったぞ」と矢継ぎ早に電話があり、見に来ないかと自慢げに誘われた。そして一九九七年には、田辺市秋津川地区に水田と川の流れを利用したビオトープを正式に開設されたのである。

私も、広川町が買い上げた水田にホタルが棲める水路と水生動物が観察できる浅い池のビオトープを造り、さらに中津村船津では河原と放置水田に水を溜め、昆虫類が観察できる施設づくりに参画した。

広川町のビオトープは、ホタルの水路に津木中学校の生徒がゲンジボタルの幼虫を放してくれて、今もなにかと世話をしてくれている。しかし、外来植物のホテイアオイやマコモが繁殖しすぎて池をうずめてしまい、現在は除去に困っている。そして、中津村船津のビオトープは土地の老人会が世話をしてくれている。

これ以降、各地でビオトープ熱が盛り上がり、各地の学校でミニ池が造られるようになった。それぞれに指導者がいて目的があったのであろうが、現在その地を訪れると、その多くが放置されたままとなっている。

県内で成功しているのは海南市孟子《もうこ》のビオトープである。ここは毎年、土地のボランティアの方々が水中に増殖する草を取り払い、生きものが棲める環境を保ち、パンフレットまで発行している。やはり、地元の自発的な取り組みがあってこそ長続きするのであろう。そして、ここはＮＰＯ法人に指定されている。また、御坊市では海水によるビオトープが造成されており、市役所は「ここに海水を流し、海の生きものを池に入って観察させる」と胸を張っている。初めての試みなのだが、成功すればと願っている。後藤さん企画の秋津川のビオトープの現状はどうであろうか。

ビオトープとは、その土地に棲んでいた生きものを呼び戻し、身近で生きものを観察することで自然の仕組みの理解を少しでも深めようというものであり、それはよいと思うが、決してこれが大きな自然の営みと同じであると思ってはいけない。海岸の潮だまりで見る生きものの姿が、広い海の生態系だと考えられないのと同じである。指導者は、そのことをよく考慮しなければならないと自戒している。

こんな話を、かつてのように後藤さんと心ゆくまで語り合いたいものである。

第5章　巻き枯らしで森を取り戻せ
――日置川の半世紀

［2000年11月21日　「熊野の森今昔物語～今、私たちにできること」
日置川町講演
2002年10月18日　「身近な自然から」日置川町教員研修］

日置川支流の将軍川（撮影・楠本弘児）

日置川《ひきがわ》

大塔山系の西側を流れる延長約80kmの川。源流を奈良県境果無山脈の冷水山《ひやみずやま》（1,262m）に発し太平洋に注ぐ。支流に前の川、将軍川があり、本流を含め三川合流地点に合川ダムがある。流域の主産業は林業。伐採された木はかつて「いかだ流し」で河口の日置地区に集積され、東京方面の市場を中心に送り出された。なお、日置川町は2006年、白浜町に編入された。現在、「日置」の地名はあるが、「日置川町」の地名はない。

かつて日置川にあった原生林

日置川《ひきがわ》流域というのは、生物にとって非常にすばらしい、いい環境であったんです。でも、そんな生物の環境がいちばん壊れたところも日置川流域ではないかなと思います。この日置川流域というのは、植林の規模が大きいんですね。何か、至る所が大面積の植林ですね。非常にそのへんが、これから先大きな問題を起こすのではないかと思います。

僕が最初に日置川に入ったのは、将軍川のもう一つ南側の宮城谷《みやしろだに》というところからです。ご存じですか？　すさみ町にあります。日置川の支流がすさみ町から流れてくること自体あまり知られていないんですね。この日置川を遡っていくと、合川《ごうがわ》ダム（一九ページの注（1）を参照）に出ますね。そこで川がいくつかに分かれます。そのうちの一本が将軍川ですね。将軍川が大瀬でまた分かれ、その南側に流れているのが宮城川です。その上流の宮城谷にすごい原生林があるという話をチラッと聞き、そいつを見たいと思って入ったんです。だから、反対側のすさみ町から入ったんです。

合川ダム

入ったとき、これは凄い山だと思いました。なにしろ、直径一メートルを超すようなシイとかタブノキとかモミとかツガが鬱そうと茂って、さすがに紀州のもっともいい自然に恵まれた日置川の源流というのはこういうものかと思ったんです。ほんとに惚れ込んでしまって、だいぶ宮城谷に通いました。でも、そのあとちょうど僕が見たころに、そこを国が買い上げたんですね。そして、国有林になってスコッと伐ってしまって、まあ植林になってもうほとんどもとの自然はないです。

ただ、その当時、僕が採った虫だけが今残っています。昭和二八（一九五三）年のことですので、その時分の虫は標本として残したままで、半分化石ですな。

それから宮城谷の入り口に大きな崖があって、そこの岩場にツルデンダというシダがありました。葉っぱの先が地面に着いて、またそこで根を出して広がっていくんですね。ちょうどこう出て、先で新芽が出て折り鶴のように見えるからツルデンダというんです。非常に珍しいシダですけれども、それを僕が見つけて喜んで、そういう植物の研究関係のところへ標本を送って半分自慢しようと思って喜んでいるうちに、そこへピンセットを忘れたまままいまだに取りに行っていないんですよ。

それ以来、この日置川にはもう何回も入りました。僕が田辺高校に来て間もないころ、中流域の玉伝《たまで》でアユをとる網にニホンカワウソ（国の絶滅危惧ⅠA類、県は絶滅）がかかっているんですね。だから、昭和四〇年ごろには、まだちゃんとこの川にはカワウソがおったんですね。

それでも今のところ、日置川町でいちばん自然が残っているのは将軍山です。その将軍山で調べてみたら、下流域にいないような昆虫が源流域にいっぱいおる。しかも、大半が南の系統の昆虫なんです。だから、今は将軍山にしか棲んでないが、もとは日置川流域全体にいたんだろうね。小さい自然林が残ったか

ツルデンダ

らほそぼそと隠れて棲んでいるようです。でも、流域全体がほとんど植林山になったから、かつて日置川にいちばん多かったのが何だったのかほとんど分からないです。

昭和三二（一九五七）年に合川ダムができて、日置川は大きく変わりました。実は、あのダムに埋まる前に、いったいどんな植物が生えているのかを調べに行きました。

僕が行った時分にはバスが通っていなくって、それでどうするかというと、紀伊田辺駅で汽車を降りたら駅前に何台かトラックが停まっているんです。そのトラックのひとつに「三川行き」というのがあって、これを見つけてただ乗りを決め込むんです。「乗せてくれ」と言うと断られる。昔から、トラックは人を乗せるものではないので、黙って乗るんです。怒られんように、煙草を買ったり五合瓶を買ったりして放り込んでおくと、運転手がそれを見てニッと笑って乗せてくれるんです。そうやってトラックで着いたところが合川ダムの底になってしまったところです。そこへ行ってみたらビックリしました。

「これが日置川かよ」と思いました。なにしろ、珍しい植物の宝

将軍山山系（撮影・楠本弘児）

庫でしてね。生えている植物は、今だったらもう全部天然記念物にしなければならないような、そういう植物がびっしりと生えていました。名前を言い出したら果てきりがない。とくに、シダ類にすごいのがありました。で、おまけにラン科にナゴラン（県の絶滅危惧ⅠA類、国の絶滅危惧ⅠB類）、ムカデラン（県の絶滅危惧ⅠA類、国の絶滅危惧Ⅱ類）、ミヤマムギラン（県の絶滅危惧Ⅱ類）など、今はこことここに少し残っているだけというものが崖一面に生えていました。

「嘘だろう」と、植物の研究者は言うんですよ。しかし、あったんです。で、やがてそこにアーチ式ダムができ、それらの植物は全部水の中に沈みました。

湖底に消えた「文化」と「遺伝子」

戦後、全国的にも大規模なダムがたくさん造られまして、それによって戦後の日本が立ち直ったということは僕らもよく分かるんですが……僕はその間、ずっとダム建設に反対してきました。そこで、何故反対してきたかということをまとめてみたら、こういうことになるだろうと思うんです。

ひとつは、非常に歴史のある古い山村が水に埋まって、そこに住んでいた人たちがバラバラになってしまった。僕は山の中で若いときからそういう土地の人に世話になっているから、心情的にダムの建設に反対していた。最初のきっかけはそういうことです。その後、できたダムによって川が寸断され、川そのものの生態系がまるっきり変わってしまった。

もうひとつ、ダムの建設にあたって見てきたところ、ずっと前に道路が整備され、もちろん道路がなかったらダム建設できませんけど、この道路があとで日本の山村の過疎に拍車をかけた。結局、「道ができたから、もう山村で生活する必要ない」というわけで、山で仕事するのも町で暮らして山へ通えばええやないかというような形で過疎が促進されたんです。このへんまでは誰でも分かった話ですけど、あと非常に重要な話がふたつ隠れているんです。

ひとつは、道路が造られて過疎化が進んだなかで、当時、これはダムと直接関係ないんですけれども、昭和三〇（一九五五）年以降に山の自然林を伐って植林するという日本の国を挙げての「緑化事業」が行われたのですが、この山村の奥地にまでできた広い道がその後の拡大造林を促進しているということです。これが、今問題になっている山の水の枯渇につながってきているんではないかと思ってます。

そこで、さらにもっと大事な話があると思うんです。たとえば、ダムによって山村が消えていきますね。そのときに、そこの山村に住んでいた非常に日本の自然というものをよく分かっていた人たちがみな散りばらばらになって町に出てしまったり、あるいは別の場所に移ったりしてしまった。結局、そういう日本を支えてきた日本人の本来の自然に対する考え方を支持し、受け継いできた人たちの意見というのがこの昭和三〇年から四〇年代を境にして完全に少数意見となったんです。

今まで「日本の山村はこうあるべき」やと、「ここは人手を加えてはならない」、「ここは人間が利用するところや」ということを的確に判断できた人がここの土地にいなくなった。いてもきわめて少数意見になってしまったということは、非常に大きな問題だろうと思います。

そして、今、もっと僕が残念だと思うのは、あのダムの中に埋まったのはそこに生えていた植物やそこに棲んでいた動物だけでなくって、そういうような山間のなかでほそぼそと暮らしていた人たちの、長い間培ってきた文化そのものがここに埋まってしまったということですね。

どうしたら山村で平和に暮らせるか。長い間かかってつくってきたそういう生き様を埋めてしまったんです。そして、おそらく村を捨てた人は、「日本復興のために、どうしても電源開発が必要だ。先祖代々の土地であってもここは泣いてくれ」というような形で頼まれて土地を捨てたはずです。あの人たちが、今、都会のこの現代の電力の消費、いや浪費を見たときになんと言うか。ときどき、僕はそういうことをダムを見て考えます。こんなことを一人憤慨するようになったのだから僕も年ですね。と言いながら、やっぱり腹が立ってくるんです。

さらにもうひとつ、これは誰も言いませんけれど、実は日本の国土に今まで残っていた非常に貴重な遺伝子が消えたということです。僕も、これがそれほど深刻な問題になろうとは思ってなかったんですが、これから先、日本の将来の進路を考えるうえで非常に大きな問題が「遺伝子の消失」です。人間の遺伝子でなく生きものの遺伝子のことです。いわゆる「多様性のある遺伝子」というものが、このダムによって消えとるわけです。

日置川に残る多彩な動植物

きょうは、そういう腹の立つ話を少し考えてみたいと思います。

実は、日置川には、日置川町を代表する植物がイチイガシ[1]だったという証拠が安宅《あたぎ》の神社にあるんです。ご存じですね。安宅の八幡神社の境内に大木のイチイガシがあります。あれが、この日置川町を代表するもとの木です。

で、「いちいがしの会」という会をつくっていろいろ自然を回復しようという運動をしているのですが、別にイチイガシを増やそうというんではないんです。イチイガシそのものが、大体、西南日本の森林の代表種ですから。

ところが、昔、いちばん多かった木があまりにもいい木だから全部伐ってしまったんですよ。明治になったとき、すでにお宮さんの森にしか残っていなかったんです。そのお宮さんの森を、また全部伐りました。南方熊楠（九五ページのコラムを参照）さんが明治の末に神社合祀[2]に反対して豚箱にまで放り込まれて大騒ぎしたあの事件など、盛んに行政側がイチイガシを伐ってひと儲けをしようと企業と組んでやったんです。これに、熊楠が反対した。

ついに今では、イチイガシというのはどんなもんかというのが分からないですね。葉っぱは知っています。材はどんなものかというと、今ここにイチイガシでつくった寿司板（一四三ページの写真参照）を持ってきているんですよ。たまたま僕の顔を見て、近くの工房で細工仕事をしている人がこれをやろうと言ってくれたので貰ったものです。これは、今はもう買えないほど貴重なものですね。これを触って重さと感触をみたら、どれくらいの値打ちのあるものか

いちいがしの会初活動

安宅のイチイガシ（県の天然記念物）

誰でも分かると思います。

そういうようないい木だから、結局、伐ってしまった。それと同時に、クスノキの仲間のタブノキなんていうのもたくさんありました。そのタブノキも、木材はきれいだし、家具になるし、葉っぱまで全部粉にして線香にした。だから、伐ってしもたんです。大体、今、水田になっているところはほとんどこのタブノキを中心にした森林でした。

ちょっと山のはたの、田とか畑になっているところですね。ちょっとやわらかいところは、全部イチイガシを中心にした森林でした。そういうようなイチイガシとタブノキを中心とした森はもうすっかりなくなって、ただ日置川流域にはそういう昔の木の名残がちゃんとあるわけです。

それから、日置川河口の国道の下に中州がありますね。あの中州に降りると、いちばん橋に近い、船がいっぱいあるあたりに、

タブノキ

（1）利用価値が一位の樫の意。常緑高木。大きいものは高さ三〇メートルに達する。樹皮は不揃いに剥がれ落ちる。本州（関東以西の太平洋側）、四国、九州、済州島、台湾、中国に分布。

（2）一九〇六年から一九一八年に明治政府が行った神社の合併政策。複数の神社の祭神を一つの神社に合祀させ、一村一社に減らすというもの。合併整理したのは祠だけでなく鎮守の森も次々と伐採。和歌山県は三重県についで全国二番目に合祀が厳しく、三七一三社のうち実に二九一三社が森とともに消えた。

満潮になったら水をかぶり、干潮になったら陸地が出てくるところがあるんです。この沼地の上に、飛んで集まっているこんなちっちゃな虫があります。ヨドシロヘリハンミョウ（県の絶滅危惧Ⅰ類、国の絶滅危惧Ⅱ類）という昆虫です。

これ、ほとんど日置川町の人も知りません。こんなちっちゃな虫です。小さいくせにピュッピュッと飛ぶから、おるかおらんか分からない虫です。ハンミョウ[3]はご存じですね。あの「道しるべ」という虫です。ただ、このヨドシロヘリハンミョウは、名前の通り淀川[4]に棲んでいたんです。昔、美しかったころの淀川に棲んでいたんです。今はいませんよ。とてもとても、そんな虫が棲めるような淀川ではないですよね。で、いち早く淀川では絶えました。そしたら、近くのあちこちの海岸の沼地に棲む虫ですから、どこかにおるだろうと探したら瀬戸内海で点々と見つかったんです。まあ、淀川では絶えたけれども瀬戸内海沿岸におるからまあよかろうと思っていたら、そのへんは全部埋め立てられて工場になりました。それで、これも絶えました。

じゃあ、こっちへ来て和歌山県ではどうだろうと探したら、紀ノ川流域にあったんです。しかし、そのあと工場がたくさんできましたから虫が棲めるはずもなく簡単に絶えました。残っているのは日置川だけです。僕は、このヨドシロヘリハンミョウを町の天然記念物にでもして保護してほしいと思ってるんです。

要は、あの河川敷を埋めてしまうとかコンクリートで固めてしまったら絶えるということです。それさえしなければいい。そういう意味で、なんとか保護対策を考えないと、もう日本から消えますね。それほど珍しい昆虫です。

虫の話が出てきたので、ご存じと思いますけど、僕が昆虫のなかでいちばん好きなのはカメムシなんです。この間も、テレビで「カメムシ好きや」と言うたらアナウンサーに「エエーッ！」と言われた。「あのにおいがええんや」と言うたら、また笑われましたけど。でもね、あれはええもんですよ。独特なにおいですけど慣れたらけっこう……。

そこで、市江《いちえ》の、ちょうど日置川町と白浜町との境界のトンネルの上で僕が採ったちっちゃいカメムシがあるんです。新属の新種で、見つけた僕の名前をとって、グループの名前に「ゴトウカピサス」という僕の名前を付けてくれたんです。まるで南方さんのミナカテルラみたいで、格好いいなぁと思ってたんです。

その後、調べてみたら、なんと日置川から田辺にかけての海岸線にいくらでもいるんです。とくに、市江にはいっぱいあります。すさみ町にもありました。海岸だけかと思ったら、果無山脈で探してみたらまた出てきました。そして、この川の源流の大塔村木守で探したらやっぱり出てくるんです。こんなに多いやつがそんなに珍しいんかと思ったんですが、結局、最近になって日本で見つかった昆虫のなかでいちばん珍しいもののひとつや、ということになったん

ツヤカスミカメダマシ＝ゴトウカピサス（撮影・安永智秀）

（3）ハンミョウ科の甲虫。体長二センチ内外。濃紫色の地に金緑色などを帯びて美しく、背面に白点紋がある。山道などで人の進む先へ先へと飛ぶので「みちおしえ」「みちしるべ」とも俗称される。

（4）近畿地方の中央部を流れる川。琵琶湖を水源とし大阪湾に注ぐ。

です。

国際昆虫学会から援助を受けた若手の研究者が大英博物館で調査したところ、そこにちゃんと標本が残されてあり、別の名前で記載されてました。だから、ゴトウカピサス(5)の名前はそれでおじゃんです。消えました。ただ、面白いことに、その仲間の棲んでいるところがパプアニューギニアだったんです。何故ニューギニアと日置川がつながるか分かりませんけれども、もちろん種類は違うんです。同じ仲間でも種類が違うから新種にはなったんですが、グループそのものはすでに記録されているわけです。でも、何か太平洋を挟んでそういう虫のご先祖があって、離れた向こうとこっちに別れて棲んでいる。そうなったら、地球の歴史を考えなければならない……やっかいな問題です。こういうような話をしだすと果てきりなしにあるんです。

タイキンギク

あのね、日置川の流域がいかにややこしくていい自然かというと、さっきから僕が「悪くなった」と言いながら、実はよそでは見られないようないい自然が今でも残っている片鱗がいくつかあります。

今、ちょうどこれから、道すじに二メートルくらいになる黄色いきれいなキクが咲いています。これがタイキンギク(6)というキクです。面白いことに、よそでは海岸にしかないんですよ。海岸にしかないのに、日置川流域では海岸になく山にあります。この間、ずーっと探していたら、なんと市鹿野《いちかの》の将軍山へ行く途中の山の上にまであったんです。なんと奥まで入っているなと呆れたんですけども……。

前に台湾で調べてみたら、台湾ではちゃんと一〇〇〇メートルくらいの山の中腹にあります。だから、タイキンギクというのは本来山の中に生える植物ですね。ただ、日本へ来ると寒いから暖かい海岸に生える。ところが、日置川流域ではちゃんと山奥に生えている。ここでは、本家のままをやってるわけです。

このような話をすれば、ウバメガシもそうです。あのいくらでもあるウバメガシは、普通の図鑑などには海岸に多い植物だと書いてある。たしかに、海岸にありますね。あの葉を手に取ってみたら、堅くて、小さくて、カシとはいいながら、考えられないほど堅い葉で、枝も堅いし、幹なんかものすごく強いですね。で、生長が遅い。何もかもあわせて、これが海岸の植物だということが納得できるんですよ。あれは、潮をかぶっても枯れないために葉がちっちゃいのだと言ったら説明がつきますから。

ほとんど日本の植物の研究者は、あれは海

長井坂のウバメガシ（撮影・楠本弘児）

（5）和名（種名）は「ツヤカスミカメダマシ」。
（6）キク科キオン属。分布の本拠は亜熱帯。紀伊半島と四国の南部で知られる。つる性の多年草。冬期に開花する。

岸で分化した植物だと思っています。そう思って、海岸植物の代表種にウバメガシを決めました。現に、日置川も海岸近くに多いし、もうちょっと入ったところに非常に大きいのがありますね。測ってみたら、ウバメガシには非常に珍しく、胸の高さの直径で一メートルを超すのがあります。そういう大木があるし、ここは海岸だから、「ああなるほど、これは海岸の植物や」と思いたい。

ところが、実際、日置川はどこまで遡ってもウバメガシがあるわけです。どこまであるかというと、この川のいちばんの源流の、大塔山系の山のてっぺんにまである。図鑑なんか書いた人にそういう話をしたら、「そんなことない。あれは潮風のかぶるところでないと生えへん」と言ってました。もう亡くなった人だから名前は言いませんけど、東大の先生で、そういう樹木の図鑑を書いた人です。

僕も意地になって「そんなことない。見に行こら」と言うと、向こうも意地になって「行こうやないか」ということになって行ったら、法師山の一一二一メートルの三角点に生えていました。で、そのウバメガシの下のほうにブナが生えています。だから、日置川を遡れば遡るほどややこしくなる。そして、そのたんびに僕は疎《うと》けて(7)しまって、だんだん、だんだんと日置川の上流の山に魅入られてしもた。それでも、奥ばっかりやっててもあかんと思って、今度は下流をあちこち調べているうちに、なんとなしに日置川のことは日置川町の人より詳しくなったと僕は思ってます。

ウバメガシの本家はというと、ヒマラヤ山脈の中腹に生えています。山奥の植物なんです。日本へ来たら海岸に生えてるが、紀南で山奥にもあるというのは本来の姿です。生きものを調べるには、かなり広い目で見て調べないとあきませんね。我々はこういう事実を大切にせなならんですし、見たものをきちんと確かめながら考えないと間違うことがある。自然を調べるということはそう簡単にいかんということを、この機会に知っておいてもらいたいと思うんです。

日置川の安居《あご》の下《しも》にスズタケの群落があります。川っぷちの安居の下に三ヶ川の谷がありますが、そこで川がちょっと曲がるんですね。あの曲がったところにそういうササが生えているんです。護摩壇山の上へ行ったらブナがありますね、あのブナの森林の下にあるササです。

大体、ブナとスズタケがセットになって森林をつくるわけです。「ブナ・スズタケ群集」と言って、ところによってはスズタケはもっと低いところに下りてくるのもあります。なにも、一〇〇〇メートル以上のところに生えているだけではないのです。五〇〇メートルとか六〇〇メートルとかにスズタケが生えてきます。そりゃササですから生えてもかまわんです。しかし、なにも安居みたいな低いところまで下りてこんならん理由は説明つかんです。あそこは二〇メートルかそこ

（7）　この場合は、「取りつかれて忘我自失になる」ことを意味する。

護摩壇山のブナ林の古木

スズタケの群落

らでしょう。それくらいの高さしかないはずです。しかも、たくさん生えています。大きく生えたところはちょうど自動車道路で上と下に断ち切られているけれども、上にも下にも元気に生えています。

分からんけど、はっきり言えるのは、日置川は今は植林やけど昔はシイやカシの深い森林の中を川が流れていたから水温があまり上がらなかった。だから、一〇〇〇メートルを超すような山の植物もあんな場所で生きていけたんだろうと思います。ササは強いからまあまあ残っているが、ほかの連中は絶えてしまったのでしょう。あれも日置川の、昔の自然を考えるうえでひとつの大きな手がかりになるから、日置川町は天然記念物にでも指定して残してほしいなと僕は思ってます。

スギやヒノキの性質と表土崩壊の仕組み

最初に触れた、植林の問題についてお話をしたいと思います。

要は、植林のしすぎがありますね。山の木を伐ってしまって植林をすると、草がたくさん増えるんです。下草がいっぺんに増える。だから、下刈りしないと大変なんです。その草が増えると、草を食べる動物もいっぺんに増えます。

今、シカとかイノシシが増えてみなさん困っていると思うんです。シカがなぜ増えるかというと、植林したときに下草が増えるからです。その草の量によって、草食動物は子どもの数を変えます。エサがなかったら子どもを産まないんですよ。結局、子どもの数が増えるようにたくさんの草を与えた結果シカが増えたんです。

増えて一代、二代の間はいいのですが、やがて植林が大きくなると下草がなくなる。そうしたら、シカはまったく食《く》うものがなくなる。だから、食うもののあるところへ移動するわけです。

いちばん食うものがあるのは畑なんですね。そりゃ、人間のつくったものを食いだしたらやめられません。我々が山菜を食べたり、たまにちょっと山芋掘って食うというのはうまいかもしれませんが、「主食にせえ」と言われたら大変ですよ。あのイノシシなんかにとっても、山のものを掘るよりも畑のイモを掘って食うほうがはるかに楽やし……いったん手をつけたらやめられませんよ。

そして結局、イノシシでもシカでも、人間のものに手をつけたら完全に害獣になる。勝手に「家畜」になるんや。それは生きていくためにやっていることやから、簡単に追うてもどうもならん。だから、植林して山の木が若木のときに、これだけの草が生えるからシカはこれだけ増えるだろうとか、イノシシはこんだけ荒らすだろうというようなことを予測して対策を立てるべきなんです。

このへんの森林は、一応山の木を薪にとってもあとにシイの木が生えてくるわけです。シイの生えてくるところは日本の自然としてはいちばんいいほうですが、植林をしすぎました。みなさんもお分かりですわね。「植林」は大事な仕事なんです。とくに、熊野の林業なんていうのは非常に大事なものです。雨の多いところはスギがいい木材になっているし、伝統もありますしね。ただですね、非常にいい紀州の林業はあまりにも早く発達したので、戦後日本の経済

人里に姿を見せるイノシシ

復興とともになんとか山に植林して、国土を緑化しようという大きな政策を立てたときに紀州はもうすでに植えるべきところへは植えてしまっていたのです。

そのあとに植えたところは、植林に不向きな場所、植林のできないところに強引に植えとるということです。もう一つ大事なことは、針葉樹というのは今の世代の植物ではないんです。もう一世代古い時代の植物で、昔に栄えた木です。だから、本来、スギやヒノキは非常に少ない木です。

一方杉

スギやヒノキが少ないと言われたら不思議に思うかもしれませんけども、実際、和歌山県で天然のスギやヒノキの生えたところを見た人はごく少ないと思います。かなりの山仕事をしている人でないと見てないです。

「そんなことない。あそこの一方杉（中辺路町野中）、あの大きなスギがちゃんと自生しているやないか」と思うでしょうが、あれは植えたものです。あんなところにはスギは生えないんです。あれは、一〇〇〇年も前に熊野詣に来た人が記念に植えたものなんです。

スギやヒノキは、今の時代、シイやカシと競争すると必ず負けるんです。だから、スギやヒノキがこれくらい（約五〇センチ）に育つのに何年もかかる。そりゃ小さい実ですからね。その実から大きくなるのに何年もかかるんです。それで、これくらい（約四〇センチ）に育ててから植えているわけです。だから、苗床をつくらなあかんのです。

ところが、カシとかシイというのはちゃんと「弁当」をもっているわけです。種に大きい栄養をもってるから一年でこんなに大きくなる。トチノキなんかこんな（約六〇センチ）になる。普通のカシはこれくらい（約二〇センチ）は確実に伸びる。一年でこれくらい（二〇～三〇センチ）だったら二年ではこんなに（五〇～六〇センチ）なるはずです。だから、このはたにスギやヒノキの芽が出ても、全部光をとられてしまって生きていけないんです。

だから、スギやヒノキはどこに自生しているかといえばシイやカシの生えないところです。どこやと思います？　岩の上や崖の上です。屋久島なんかでスギが自生しているのは、一本のスギがぶっ倒れたら、そこにほかの木が生えていないからそこへ生える。そこで、上の木が枯れるまでじっと待っている。上の木が枯れたらそこで大きくなる。そういうような性質の木で、全部崖地の植物です。つまり、今の時代に合ってないからです。

今の時代に合っている木は、シイとかカシとかという葉の広い木です。針葉樹は前の時代のやから、広葉樹と一緒に生えたら今言ったように負けますね。だから、スギやヒノキを植林したかぎりは必ず手入れをしなければいけません。カズラも切り、下草も刈って、なんせその木だけが育つように手入れしてやらないと枯れるんです。

そうなると、「過疎問題」というのは大きな問題です。

カシの弁当、ドングリ

この奥一帯にスギやヒノキを植えて、植えっぱなしで出ていってしまった人がたくさんありますね。その人らがほんとに責任もって手入れしに来てくれたら、スギやヒノキの植林地は荒れないですむんです。でも、現実にはそういうことにはならない。植えられるだけ植えて、一時は植えてないところは金にならなかったですからね。山を売るときにスギやヒノキの植林がどれだけあるかで価値が決まり、そのはたにある雑木林もつけると言うて売買されましたから。

スギやヒノキのように高くまっすぐに伸びる木というのは、根は必ず横に張るんです。横へ張らないかぎりこの木は倒れます。だから、ヒノキの根なんて非常に浅くて一メートルぐらいです。スギなんかも二メートルぐらいまでしか土の中に入らない。嘘やと思うんなら掘ってみてください。これは植物の力学的な話ですけど、ほんとはずーっと横へ伸びたいんです。でも、そこに別の植林木の根があるわけで、こうやって根が互い違いに組み合わさって根の板ができるんです。

植林のスギやヒノキはもちろん木材としては最高の品質で

絡み合うヒノキの根

す。これは問題ない。ところが、いちばんの問題は、今言ったように根が土の中で板になる。平地に生えていればいいけれども、これが傾斜地で根の板の下を水が流れたらこれでおしまいです。全部、山の斜面が滑りますから。

それじゃ何故今滑らないのかというと、前に伐った広葉樹の株がわずかでも生きているからです。上は伐ってるけど、ちゃんとカシの木は株の根が生きてるから一応滑るのだけは止まっている。しかし、これもいつまでもはもたない。やがて、植えた木が太くなれば太くなるほど滑り易くなる。つまり、大きな成木林が滑るんです。山が裸になったから滑るのではないんです。

だから、滑らないように、まず植林の間に根が縦に深く入る広葉樹と混ぜることが大事です。カシやその仲間は伐ってもまた芽を出すように株が生きているんです。だから、隙間をあけて下にカシ類が生きていけるようにすれば山の崩壊は免れるんです。

結局、こういう山の生態系のつながりというのは、「原因」と「結果」の間に二〇年とか三〇年という長い時間がかかるわけです。さっき言いましたように、こと山の斜面の崩壊、いわゆる土石流をつくって大変な被害を及ぼすような原因と結果の間には六〇年とか八〇年の時間がかかってしまうのです。

だから、昭和三五（一九六〇）年以降の植林はほんとはすべきではなかったんです。ええところはすでに全部植えとったんです。昔は、植林によくないところは全部自然林で残しておったんです。山のてっぺんなんか全部自然林を残した。そしたら、下は何回伐ってもいいスギやヒノキができるんです。そういうのは、もう紀州では伝統として分かっていた。そういうことは、働く人も山の持ち主もみんな分かっていたんです。それをなにか強引に森林組合をつくり、公団造林というような団体をつくって強引に植林をした。そうした植林地は、全部、植林すべきところではなかったんです。

今、植えてから五〇年ぐらいですね。ほんとは、電柱よりも太いスギやヒノキができてなければならんのです。ところが、いまだにこんな木でしかない。なかには、尾根なんかには腕ほどの木しかない。何年経っても垂木《たるき》(8)にしかならない。僕はこれを「万年垂木」と言うんですけれど……。だから、五〇年経ったスギが一本一〇〇円とかで、大根のほうがいい値がします。おまけに、伐ったらその中に虫が入っていて柱にしたら折れてしまう……。

植林地崩壊

大体、山の中にいろいろの木が混じってこそ自然なんです。スギだけやヒノキだけの植え方をすると森林ではなくなるんです。これを森林と言って、本来「植林組合」と言うべきなのに「森林組合」と言う。日本人は、この「森林」と「植林」とをごっちゃにしているんです。

九州では、山の崩壊がすでにかなり前から始まって(9)いますね。やがて紀州もこのまま置いといたら危ない。九州に比べると山が硬いから紀州のほうが崩壊しにくいんです。しかし、雨の量は同じやし、台風も同じように来るんやから、遅かれ早かれそういう危ない時期がもうじき来るはずです。いや、かなりもう来てます。僕が山を見たら、「ああ、ここ崩壊する」って思うところがちょこちょこあるんですよ。

植林地は「草地」

また、虫から見ると植林は「草地」です。僕に怒ってもしゃあないですよ。怒らないで聞いてください、虫が言ってるんですから。だから、今までのシイやカシの森を植林地にすると、そこに棲んでいた虫が突然草地の虫に変わってしまうんです。似たような虫がいっぱいあるんですよ。このへんに、海岸近くまでオオダイセマダラコガネという森林性のちっちゃいコガネムシが棲んでいます。これが植林するにしたがってパーッと消えてしまって、セマダラコガネという同じ顔をした別の種類になるんです。それ以外に、鳥なんかも変わります。

この間、大塔村で、合川ダムのはたへ野鳥の観察道路を造るのだという話があって大塔村から相談に来られた。

「補助金出して観察小屋を造るんやと言うんやけども、こんなスギとヒノキの山に鳥なんかおらんけど、どうしようか……」と言って大塔村の人はかなり抵抗したらしいんだけども、「金は向こうが出して仕事をやるというのを断るのも格好つかんし」と言って僕のところへ来たんです。

「断れ断れ、恥ずかしいわ」と言ったら、僕が「あかん」と言うたといって断ったらしいです。ダムを見

（8）屋根板を支えるために棟から軒に渡した木のこと。

（9）二〇世紀末以降、南九州では大雨台風による人工林崩壊の土石流被害が目立つ。

て、ダムの景色を見て、周りに遊歩道をつけて歩き回るのはかまわんですよ。でも、スギ林の中で鳥を見ようというのは厚かましい話です。

ところが、この厚かましい話が実は今通っているんですよ。小学校の五年の教科書に、(10)「森林」についてこんなことが書いてあるんです。

日本の七〇パーセントが山地で、その山地の大部分は森林で、こんなに森林の多い国は世界でも例がない、すばらしい国だと。で、その森林からは木材がつくられて、いろいろに利用される。そこで鳥が生活し、動物が生活し、一般の人が中に入って森林浴をし、いろいろな水資源が養われる。

いかにもこれは酷い話です。小学校の子どもにそうやって叩き込んでいるあたりが、僕は恐ろしいことだと思うんです。ちょうど僕らが小学校へ入ったとき、教科書に「進め、進め、兵隊進め」とあった。これとまるっきり同じですよ。

スギやヒノキ、あれは森林じゃなく植林です。「植林」と「森林」はまったく別のものです。植林をして木材を生産するというのは分かります。ところが、植林して、それが水資源の涵養になるというのはまったくの嘘です。ましてや、そこに動物が棲むとか鳥が棲むなんて、あるはずがない。

とはいえ、植林というのは絶対しなければならないものです。ただし、それは適切なところに植えなければいけない。そして、スギやヒノキの植林に不適なところはすぐにでもやめてほかの広葉樹に変えるべきです。変えないと、いちばん厄介な問題、山の崩壊が始まります。

おまけに、スギやヒノキにはとても強い殺菌力がある。殺菌力があるから土の中の生きものがなくなるんです。土の中の生きものというのは、深いお宮さんの森のような、たとえば、あの安宅神社の森には、片足の下（七一ページの注（６）を参照）に大体二万から三万匹の小さい虫がおります。カビとかバクテリアは別ですよ、虫です。もっと深い将軍山のような山には五万から六万の虫がおります。

スギやヒノキの植林になると、下草が生えて、ふかふかした土ができているような特別ええところで大体三〇〇〇とか五〇〇〇です。普通の密植したスギやヒノキの植林では二〇〇から三〇〇と少ないんです。土の中の生きものがいなくなると、腐葉土がなくなって粘土になります。だから、植林地の土は粘土でほんとの土壌ではない。だから、降った雨水は地面をさっと流れる。雨が降ればすぐ水が出るけど、あとからじわじわ出てくるような水源涵養力のある土にはならんのです。

土ができないところでは、木はやがて弱ってきて根が枯れます。そこに雨が降ると、根と根が絡んでいるからストンと

植林表土

（10）小学校五年生の社会（下）、大阪書籍ほか、多くの教科書が植林も森林として扱っている。

滑り落ちる。「岩肌が見えて危ないな」というようなところはかえって滑らない。川を遡っていったら、川の両側にあるスギやヒノキの一斉植林のところ、ああいうところはいつ滑るか分からんので非常に危険なところなんです。

花粉症とカメムシの発生源

水害のいちばんの引き金になるのもやっぱりスギやヒノキの植林です。ここをずっと上っていったら、日置川町内は九〇パーセントくらいは植林ですね。あのあたりで、「北向き斜面の緩やかなところ」は植林に適したところなんです。「谷間の下半分」は植林にええ場所なんです。それ以外の場所は、当然、植林にはだめなところなんです。

これは非常に厳しい、昔からこの土地の人の、まあ言えば「無言の掟」があって、よその山でたとえ木を植えてもここには植えるべきじゃないとかなり厳しくみんなで管理しおうてきたんです。これが、日本の自然を守ってきたいちばん大きな原動力だったんです。昭和三〇年までの話です。昭和三〇年までは、自分の山でさえスギやヒノキに植え替えることはとても厳しく規制されてきた。誰がどう言えども、よく大学の人が和歌山県に講演に来て植林はこうするべきだと言っても、地元の人は「我々は昔からこうしてきた」と言って聞きわけてきた。大学の先生や県の林務課とかの話は聞かないほうが成功する……と、昔からそうなっていたんです。

日置川のスギやヒノキというのは昔からとても上質ないい木材のブランドで、「日置でとれた」と言ったら、江戸まで運んでいい値で取り引きされた時代もあったほどです。紀州木材で、日置川流域や古座川流域というのは特別いい木材でした。

ところが、昭和三〇年以降、「昔からの日本人の考え方は基本的に間違いだった」という考え方が戦争に負けてからみんなに染みついてしまった。おまけに、日本人の古い精神文化がいかに戦争で日本という国を潰したかと、かなり日本国民に染み込んだということもあります。

もちろん、日本の精神文化というのがいかに恐ろしかったのかが骨身に染みて分かったのはアメリカのほうで、日本の自然に関する精神文化をいかになくするかが戦後のアメリカの政策になってました。欧米にとっては、自然に関する精神文化だけでなく、いかに日本の文化の質、結束力の強さが脅威だったかということです。

昔の植林が、焼けてしまった日本の町を復興するのに役立ちました。だから戦後、ひっぱりだこで日置川の材木は面白いほどいい値で売れたんです。そこで、国が国土緑化をうたい出した昭和三〇年以降、高度経済成長の間に山は全部スギやヒノキに変えてしもたんです。

昭和三〇年までの植林地はいいところだけに植林してました。周りにシイとかカシとかの自然林があると、そのはたのスギやヒノキはいい木になる。いい木にするには、周りに少なくとも六〇～七〇パーセントが自然林で、残りのいいところだけに植林すれば文句なくいい木材ができます。それが、植林地が三倍に増えたらいい木材はできない。ましてや、植林地が九割ではいい木ができるはずがない。だから、木材の質が悪くなり、さらに外国からも木材が入ってくる。それでは、林業が成り立つわけがないんです。

あと、スギやヒノキの花粉の問題ですね。もちろん、スギやヒノキの花が咲いたときにできるのが花粉です。雄花に花粉がつくんやから、花というのは子孫つくるための生殖器やね。植物が弱ってきて、早く子孫をつくらなんだら枯れるというときになったらたくさん花をつけるんですよ。

スギなんて、一〇〇〇年も二〇〇〇年も生きとる木やから、いいところに植えたら一〇〇年やそこらでは花も実もつけんのです。ところが、植えて三〇年で盛んに風吹いたら山の色が変わるほど花粉が飛ぶというのは、その木が枯れかかっているという証拠です。木が弱っているから花をつけ、実をつけるんです。

花粉症は、花粉そのものが直接の原因ではないんですよ。田舎におったほうが花粉をようけかぶるわけやけど、田舎の人間に花粉症は少ない。花粉症で苦しむのは町の人間が多いんです。たしかに花粉そのものが原因やけども、症状を起こすのはそれ以外のストレスがあるせいでしょう。食《く》いもんが悪いとか、毎日毎日汚染物質を食ったり吸ったりしてるとか、身体が弱っているところに花粉をかぶったから花粉症になるんです。

いずれにせよ、花粉がなければこんなことにならんのやけど、これからまだまだひどくなるばかりです。まだまだ大量のスギやヒノキ植えとるんやから、花粉はまだまだ飛びます。日本の国土の七〇パーセントが山林で、その七〇パーセントがスギやヒノキ、そしてカラマツです。北海道ではエゾマツ、なにしろ針葉樹ばかりたくさん植えているんです。さらに、スギやヒノキの球果（八三ページの写真参照）はカメムシのエサです。あの、四年から五年に一度大量に発生する、大もとの原因なんです。

不向きな植林に国を挙げての取り組みを

そういうことがあるのも、全部まずい植林の結果です。そういう植林地では絶対にいい木材はできない。だから、僕らが今「いちいがしの会」でしているのは、もうちょっと間伐をして下に生えるカシやシイを元気にするという簡単な話です。ただ、植えた木を伐るだけの力がないんです。ここにいる人のなかでも、「チェーンソーでわしの山伐ろうか」という人は少ないと思います。ボランティアで日当なしではやれない、だからせめて日当ぐらいは出してもらおうやないかと林野庁に交渉はしてるんですが……。

いずれにしたって、国有林や県や市町村の公有林だけでなしに、民間の山もひっくるめて植林のいいところはきちっと手入れをする。植林に不向きなところは誤りだから、もとの自然に戻すようにせなあかん。ところが、働き手がないんです。

とくに、「それじゃ、やろう」と言って日置の町の山林だったら近いからやれますよ。しかし、この川のいちばん大事なのは大塔村とかずっと奥の話です。日置川町だけでなく、川の命を握っているのは大塔山系などの源流域や果無山脈の話です。つまり、ほんとは奈良県なんです。そこを、なんとかちゃんとしないかぎりはだめなんです。

そういうわけで、なんとか手だてというのは、結局みんな街の人もよって、ひとつの大きな国民運動みたいに各地域で皮でも剥いでそっと枯らそうやないかという話にしたんです。「巻き枯らし」ですね。木の根元のほうの皮を剥いで、そうしてもとの森の形ができるまで少しずつ枯らしていく。だから、気の長い話ですけれども……。しかし、これは国を挙げて植林をしたのだから国を挙げてやらんならんでしょうね。

この二〇世紀の前半は「戦争の半世紀」でした。日本の国を潰してしまうような半世紀でしたけど、後半の半世紀は「自然を壊した半世紀」だったわけです。結局、二一世紀にはこれを何とかしないかぎり生きていけないということになります。

本来、日本人には、自然を見下げて自然を征服しようなんて心はなかったんです。しかし、戦後やった大きな仕事は、どこから か人間が自然を見下げるという考え方が入ってきて、物質文明の大きさに驚かされて方向を間違ごうたのですね。

生物遺伝子は将来の宝

最後に、あのダムをどうしたらいいのかについて少し話しておきます。

今後の災害は、ボツボツと土砂でダムが埋まっているというような小さなものではなくて、非常に壊滅的な大きな土石流がその

巻き枯らし

時期になると紀伊半島の至る所で発生するということを知っといてほしいです。なんかこの話は、山の見方を教えてもらった先人たちの遺言みたいになるんですけど。

僕らがこうやって山を歩いている間に、山を、自然を知っている人にたくさん会い、そういう人たちとの付き合いを通して学んだことがいっぱいあります。しかし、戦争に負けたと同時に、残っていた日本の自然は伐られていった……。そうして、今の状態になるまでを見てきたのは僕らの年代だけしかないんじゃないかと思います。

なにしろ、紀伊半島というのは大変な多雨地帯です。山そのものが雨に対応できるだけの、ほんとは山そのものの生態にそれだけの能力があったわけです。ただ、植林によってそれを完全に潰してしまって、やがてこれが、今言ったように何十年か先には山の崩壊という事態を招くのことになるだろうと思ってます。そのときまでに、我々はいったいどうするんな。大変な問題ですよね。

とくに、おそらく今のダムで発電している量というのは、今の経済活動からいうとほんとに微々たるもんだろうと思うんです。ほんじゃ、用事がないから潰せるのかというと潰せるようなもんではない。ただ、さっきも言いましたように、ダムを造った場所は全部崖地であるということ、そしてその崖地に、今まで地球上に残されてきた非常に多様な生物が集中していた。それを半分以上も水の中に埋めてしまって……これはもう絶えたんです。

合川ダムの崖地

この絶えたものは調べようがないんです。あと、ダムの周囲の自然には崖があって、その崖には今もかなり貴重な動植物が細々と生きているわけです。ダムを造ったために下流の渓流にピタッと水がなくなった状態では、この渓流の環境もやがてなくなってしまいます。ところによっては絶えてしまったでしょう。

でも、絶えないで僅かでも残っているとすれば、そのダムから下に少しでも水を流すことができれば、僕はある程度そこに生き残っている生物が回復するんではないかと思ってます。できるだけ、渓流の環境は残してほしい。それくらいのことだったら我々でもできるんではないかと思うんです。

この地球で絶えつつある非常に弱い植物、多様な非常にたくさんの種類のある遺伝子というのは、これから先、日本だけじゃなくて人類がこれから生きていくための非常に重要な資源になっていくはずです。今、遺伝子の保全ということが非常にやかましく言われていますけれども、できるだけ早く世界的な流れを先取りして、ダム周辺の環境保

将軍川の静寂（提供・白浜町）

護を是非とも考えていただきたいし、とくに紀伊半島の南のような多雨地帯は非常に山そのものの許容量が大きいのでかなり何でも生きていけるんです。

さっき僕が言いましたように、紀伊半島の南というのは何があるか分からんような生物相です。寒いところの植物もたくさんあれば、温《ぬく》いところの植物もある。昆虫なんかにいたっては、四国や九州を飛ばして屋久島とか沖縄と共通したのが紀伊半島の山の中に今もおるわけです。下北山村とか和佐又山とか、あのへんで調べてみると、こんなところに南の熱帯生まれの温いところの植物も昆虫もあります。そういう複雑ないい環境というのをなんとか残すことによって、その遺伝子そのものは人類の将来の非常に大きな宝になるんです。珍しいから残すとかという意味ではなしに、これは必ず、将来我々人間の大事な資源になるということをご理解していただきたいんです。そのへん、よろしくお願いしたいと思います。

後藤伸と私

巻き枯らし

出口晃平
（元山林業従事者。とり戻そう熊野の自然「熊野の森ネットワークいちいがしの会」会員）

「巻き枯らし」は、古来より伐倒《ばっとう》しにくい雑木を枯らす方法としてあったもので、別名「立ち枯らし」とも呼ばれています。その方法はいたって簡単です。目的の樹木の幹の周りをぐるっと一周、白皮も含めて幹本体が露出するまで皮を剥ぐ、これだけです。

剥ぐ皮の幅は、地域によって差があるようですが、ここ熊野では、三〇センチと言われています。時期は、木が生長する三～九月が適しているようです。それはこの時期なら木が潤っていて皮が剥がしやすいからです。

人工林などを伐採する場合、今日ではチェーンソーを使って、短時間で広い面積を効率よく伐り倒していきます。それに対して巻き枯らしの特徴は、「伐倒しない」、「枯らす」の二点です。この特徴を人工林から自然林への樹種転換に応用されたのが後藤伸先生です。

山林作業に不慣れなボランティアは伐倒などは危険でできませんが、巻き枯らしなら、足元さえしっかりしていれば安全です。道具としては、ナタは使わず、ノコギリと大きめのマイナスドライバー、あるいは竹ベラを使うだけ。「いちいがしの会」では、三歳の女の子がお母さんと一緒に、上手にやり遂げたことがありました。伐倒しないことにより、周りの立木、下層木、幼木などを傷つけないので、自然の植生がそのまま残ります。

巻き枯らしをした木の葉が赤茶けてくるまで、早くて半年、なかには三～四年かかる木もあり、完全に落葉するまでにはさらに数年かかります。その間、林床(1)への日光はゆっくりと強くなってゆくことになります。また、林内雨(2)の変化も皆伐した場合と比べてゆっくりとしたものになります。つまり、環境の激変がないということです。

巻き枯らしをした木が朽ち果てるまで十数年かかります。その木の葉、枝、樹皮、幹、根が順次、下層木及び幼木の栄養源になっていきます。巻き枯らしのあとに下層木や幼木が育ってくれれば地面の乾燥化が抑制され、土壌生物（分解者）の生活環境がいっそう整うので、さらに下層木の生長が促されます（現在、京都大学の研究室と当会会員の土壌学者が、巻き枯らしした植林地の土壌の変化の分析を行っています）。

巻き枯らしの短所としては、「枯らす」のですから当然落ち枝はあります。まれに倒木ということも考えられ、強風時には注意が必要です。また、赤茶けた枯れ木が数年間人目に晒されることになるので見栄えが悪く、樹皮の剥ぎ跡を気にする人もいます。

しかし、戦後の拡大造林で、山のてっぺんまで植林された現状は深刻で、その弊害に対処することが急がれています。その方法のひとつとして、未経験なボランティアでも取り組むことができ、「自分たちの

（1）樹林の地表部分のこと。

（2）樹木の葉などに触れたあとに樹林内に降る雨のこと。森林でも植林でも、葉に遮られた雨のかなりの量がそのまま蒸発し林内に落ちない。

力でやる」という意欲もかきたてられる巻き枯らしは自然林再生へのたいへん有効な手段です。

地球の誕生から四六億年。その水溜りで発生した生命の誕生から三八億年。やがて「生命」が岩石の陸上にあがり、その生命活動によって土をつくり、多種多様の生物が生まれていった……いのちの悠久の歴史が熊野の森にも刻まれていました。しかし、戦後の拡大造林がそれを一気に壊していきました。この四〇〜五〇年で消え去った「生命」とその「営み」のなんと多いことか。

人類の歴史は、「自然破壊の歴史」で、ことに産業革命以後、「生命の共生」という掟を完全に念頭から外した人間たちは、「戻す」方法を知らないまま、どんどん自然を壊していったのです。

巻き枯らしで赤茶けたスギの向こうからかすかに聞こえてくる生命の歌声に耳を傾けながら、私は今後もこの作業を続けていきたいと思っています。

第6章 修復の世紀へ向けて
——富田川で考える「水の自然」

［1999年4月6日　「源流域の自然と水問題～特に富田川の水源と水質を考える」（上富田町）
2000年10月8日　「西牟婁の河川環境～21世紀への自然の変遷」いちいがしの会講座（田辺市）］

富田川市ノ瀬付近（空撮）

富田川《とんだがわ》

全長46㎞、流域面積247㎢。熊野古道の中辺路ルート沿いの川として知られる。古くは「石田川《いわたがわ》」と呼ばれ、熊野詣でが盛んだった平安時代は何度も徒渉《としょう》しなければならない難所であった。源流は果無山脈の安堵山《あんどさん》（標高1,184m）。隣の日置川と同様、流域は昔から林業や炭焼きが盛んだった。ダムのないのが特徴だが、近年流水量が少なくなっており、とくに冬場の瀬切れ現象が目立つ。

ゆっくりとした自然の摂理を狂わせるものは？

もとの自然から現在までどんなに変わってきたか、今はもう、富田川流域を歩いてももとの自然がどんなんだったかということはまるっきり分からんです。「そんなことない、お宮さんの森なんかに昔の自然があるだろう」と思うでしょうね。けども、実はお宮さんの森はもとの原生林ではないんですよ。面積が小さくなると、少しずつ中の木が入れ替わります。

そうですね、たとえば抱えきれないような大きなシイの木がありますね。あのシイの木なんかは昔から生えてたような顔してますけど、実はシイの木なんていうのは三〇〇年ぐらいでこんな大木になるんですよ。だから、もと生えてたシイの木と今生えているシイの木では、別の種類に入れ替わっていることはざらにあります。我々の目には同じように見えるシイの木には二種類あって、ひとつは原生林のシイがスダジイで長い実をつけるんです。もうひとつは、実の丸いコジイというのがあります。その実の丸いやつが、山が荒れてくると元気になるんです。

だから、お宮さんの森にスダジイの大森林があって、そしてそこの面積が狭くなると中の木が順番に枯れるんです。枯れて、その間へ丸い実のコジイが入ってきてすぐに大きくなって、うまいこと隙間を埋めてしまって少しずつ入れ替わっていくんです。こんなふうに、もとの森林がどんなんだったかまったく分からんのです。

昔は、この富田川の水が多すぎて熊野古道を歩く人が非常に難渋したんです。[1] それはご存じですね。そういう豊富な水を湛えていたいちばんもとの自然というのが、この富田川の源流の広い範囲に広がっていました。それは昔の殿さんが、下流に住む人が災害を受けないように源流域の山を全部藩の山にしたんです。だから、田辺藩の山がこの熊野地方の源流域に広がっていたんです。そこは一切伐ることならん。ひどいのになれば、「木を伐る者は首を切る」という記録が残っているぐらい伐らせなかったんです。

戦後の歴史教育では、いかに封建社会は「一般住民からそういう山を取り上げて、酷い政治をやってきたか」というのを授業でやったんですが、実はそうではなくって、当時の藩の人は川の仕組みや山の仕組みを非常によう分かってたんです。だから、源流域は絶対に伐らせない。どうしても伐る場合は、「この木とこの木を伐

スダジイの実

コジイの実（撮影・伊藤ふくお）

スダジイ

（1）一例として、一二一〇（承元四）年、熊野詣での修明門院一行が徒渉した際、九人が溺死している。

る」とか、「この木をどこに使うからこうやって伐る」というふうに一本ずつ大工さんが吟味して伐ったんです。そして、伐ったあとの空いたところにもとの木を植える。そうして、山をまったく壊さないようにやってきたんです。それが藩の山だったんです。

ところが、明治政府になったとたんに御三家であった紀州は最初に国に取り上げられて国有林になってしもた。その後、国有林をまた払い下げてもらった人らがいますね。たとえば、中辺路町の水上《みずかみ》の森林(2)なんかは、多屋林業さん（田辺市）が国有林から払い下げてもらった。なんにもならん崖山やから国は「いらん」と言うし、多屋さんは「植林はできんけども、珍しい木があるさかいに買《こ》うたんや」という話でした。そんな形で、大事に残してきたんです。

水上学術参考林

そういうところをずーっと調べてみましたら、この富田川のいちばん下流域にいちばん多かったのはタブノキ（二〇七ページの写真参照）とかスダジイ（二三七ページの写真参照）の森林でした。タブというのは、このへんでは「トウグス（唐楠）」というクスの仲間ですね。

それから、中流域ではイチイガシとかスダジイの森林です。イチイガシ（一四三ページおよび口絵の写真参照）というのは昔は非常に多かったんです。利用価値が高いもんだからいちばんたくさん伐られて、今は各市町村に数株ずつしかないというほど少ないんです。

もうちょっと上流へ行くと、常緑のカシとモミとツガの混じったような森林が非常にたくさんあったようなんです。モミなんかも、ほんとは今見えてるこのへんの山にもかつてはたくさんあったみたいです。

うんと上流へ、この富田川の源流域の果無山脈まで行くとブナがあり、谷間にサワグルミの森林がありました。これは、もう落葉樹の森林です。ここにはモミとかツガもたくさんあって、今から一〇〇年近く前に南方（熊楠）さんが何回か行ってるんですよ。そのときに伐った木の話を聞くと、大きなツガとかモミの木を伐り倒すのに三人で一日がかりということでした。想像がつきますか？　伐り倒すのに三人一組みで一日ですよ。それで、その次の日は枝を払って丸太にするのに一日、あといくつかに小切るのが一日。夕方、それを下の谷間へまくり落とす。谷間に鉄砲ですね。

「テッポー」ってご存じですか？　木を組んでいって堰を造るんです。その堰の下側に下流からつっぱりをして、それに水を溜めます。水が漏れないように、落ち葉や生の葉っぱを詰めて堰を造るんです。そこへ水を溜めて、木を浮かすんです。浮かしておいて、雨が降って充分に水が溜まったときに、下流側に組んでいる栓になっている石をカンと外すと、全部

モミやツガの混じる森（撮影・水野泰邦）

（2）多屋林業所有の水上学術参考林。

はずれてカラカラーッといわゆる鉄砲水になります。これを「鉄砲」と言います。
明治の暮れごろにこの方法が和歌山県で流行りだしたというか、みんなでよくやるようになって、紀州の山の木はこうやって運び出されたんです。

富田川の奥の木を最初に伐ったのは伏見城[3]を造ったときです。伏見城を造るのに伐って、そして水に浮かして運んだんですね、淀川を遡って。それで大坂城を造るころにはもう富田川の奥には大木はなかった。日置川の奥にもなかったので、熊野川のもっと奥、奈良県とか三重県とか、あのへんの木をたくさん伐って運び出したようです。非常に優秀な木だったのに、台風に遭うてその木を紀淡海峡に流してしまったみたいで、「天候も分からずに木を運んでくる馬鹿があるか」と言うて秀吉が怒ったという記録が残っていますから、この時代からかなり奥の木を伐ってるわけです。

それでも、そういう時代は一本ずつ伐っていますから山はまったく荒れていない。国有林になってもそうですね。ちょっと資料を見たら、明治以降の国有林、今の兵生《ひょうぜ》から奥の、この川の源流ですね、大体、一回一ヘクタールとか二ヘクタールというような伐り方で、いちばんたくさん伐っても五ヘクタールほどです。

さっきも言ったように、三人一組みで一本ずつ伐るんですからなかなかそう捗るもんじゃないんです。生えてる木がすごく大きいし、小さい木でも直径二尺（約六〇センチ）のサクラなどです。

こういう森林は、人間が伐ることによってだんだんと植物が入れ替わっていきます（二四一ページ「植生遷移表」参照）。たとえば、下流域では、タブノキやスダジイの森がやがてスダジイとかエノキの林になります。もっと荒れてくると、マサキとかムクノキのカラカラの林になりますね。アカマツとかトベラとかクロマツなんかの生えた、いわゆる松林になります。これがさらに荒れると、ススキとかササの林になるわけです。

紀南ではススキやササっ原は、割合に人間が無理につくらないかぎりありません。毎年火を入れてススキっ原をつくった場所がありますが、それはもうごくわずかなものです。

中流域では、スダジイとかイチイガシの林が伐られるとコジイとかアラカシの林になります。さらに伐られると、コナラとかウバメガシの林になります。それより伐られるとアカマツとかモチツツジになります。戦後、アカマツ、ツツジの林が広がっていましたね。山火事のあとは、ススキとかコシダの林になるんです。けども現在ではアカマツやツツジの林になり、プロパンを使う生活に変わったために山の木を伐らなくなったのでコジイとアラカシの林にま

自然の遷移	下流域（海岸・水田）	中流域（丘陵地・畑地）	上流域（山麓・谷斜面）	源流域（山地）
原生的森林	タブノキ・スダジイ	スダジイ・イチイガシ	モミ・ツガ・カシ類	ブナ・サワグルミ
↓	スダジイ・エノキ	コジイ・アラカシ	コジイ・アラカシ	ミズナラ・シデ類
↓	マサキ・ムクノキ	コナラ・ウバメガシ	コナラ・シデ類	落葉低木林
↓	アカマツ・トベラ	アカマツ・ツツジ	アカマツ・ツツジ	草本類・落葉低木
人為的荒廃	ススキ・ササ類	ススキ・コシダ	ウラジロ・ササ	草原

植生遷移表

（3）京都の伏見にあった豊臣秀吉が建てた城。江戸時代になって、主要建造物は大徳寺や西本願寺などに移築した。

た戻っています。

だから、このへんのちょっといいところの自然林は上から二番目の林になっているはずです。場所によっては上から三番目の林になりますね。これくらいの荒れ方で今のところ止まっているわけです。

結局、このへんの自然は近畿の中部に比べてまだまだいいから、荒れてもシイになります。

二〇〇年ぐらいしたら見に行くか

和歌山県では北が荒れてるんですね。だからといって、北へ行くほど荒れているとは一概に言えないんです。和歌山県北部の紀ノ川周辺は、非常に荒れてるから全部コナラの林になる。それを見て、「ああ、なんと北のほうへ行ったらコナラばっかりやなぁ」と思いながら、さらにその北の和泉山脈を越したら大阪府に入りますね。我々から見たら県庁所在地の和歌山市にいちばん近いところやけれど、大阪府から見たら南端の「僻地」なんです。だから、あんまり人が住んでいなかったので荒らされていない。そこには、ちゃんとシイやカシが生えているんです。

それを見たら、「寒いところは落葉樹になって、温《ぬく》いさか常緑樹になるんや」というような常識的な説明は間違いになる。ほんとに寒いから落葉樹になるというのは、中部地方の山とか東北地方の話です。

よく小説に出てくる関東地方の「武蔵野の自然」はクヌギの林だと言いますね。あるいは、関東のケヤキの林とかは全部人間が自然を壊しすぎたので生えたんです。関東平野ももとは照葉樹林だったんです。

ほとんどシイとカシだったんです。それにモミなんかもいっぱい生えた、そういう森だったんです。そしたら、シイやカシが生えて、モミも生えていたら紀南の水上の森と同じではないか……それが関東のもとの姿です。

それなのに、今の関東平野というたら、そんなことはとても考えられないほど落葉樹しかないです。たまにシイやカシが生えていたら大体人家の庭です。つまり、植えているんですよ。

関東平野なんかの自然が壊されたのは非常に古くて、今から二〇〇〇年近く前の、非常に古い時代から破壊されているんです。とくに、一〇〇〇年あまり前に放牧民族を開拓のために大陸から文化とともに持ち込んでいるんです。それで放牧文化が発達した。だから東北とか関東の源氏が平家より強かったというのは、そういう文化とつながっているからと思うんです。

いらんこと言いました。要は、こういう林というのは、人間がかかわる時間が長ければ長いほど荒れてくるということになります。だから、だんだん荒れてくるにしたがって、この海岸などの下流域は（二四一ページ「植生遷移表」参照）、マサキやムクノキ、アカマツ・トベラになり、ススキやササっ原になります。この↓は、人間が荒らすことによって下向きに行くわけです。ということは、荒らさなかったら上向きに行くということになります。

武蔵野の自然

ただし、上向きに行く時間と下向きに行く時間はかなり違います。下向きには人間が荒らせば簡単に行きます。何十年ぐらいでパッと行ってしまうけれど、上向きに行くためには、このへんみたいな和歌山県の南のいちばん条件のいいところでも五〇〇年ぐらいはかかります。

で、今北海道なんかへ行ったら、山の木を伐ってしまって広い原野になってますね。昔、本土から開拓団が入る前はそこも全部森林だったんです。

「北海道へ行ったら寒いさかいに森林はないんと違うか。だから、草っぱらになるんや」となんとなしに思うんやけども、それは間違いです。北海道は全部森林だった。それをいかにして伐るかというのが、日本の北海道開拓の歴史ですね。

寒いから森林ができないというのは北海道でもごく一部だけです。大雪山系の山々とか十勝岳などという山のてっぺんだけでほかは全部森林です。その証拠に、北海道でいちばん寒い知床へ行ったら、そこにある原生林はなんと直径一メートルくらいのとても抱えきれないようなミズナラ

知床の原生林

の林なんです。だから木というのは、かなり苦労してでもなんとか生えて森林をつくるもんなんです。その森林を全部伐ってしまったんです。伐るのは簡単やけども、伐ってしまったらああいう草原になってしもて、広い原野を見たら「ああ、これが北海道や」と本土から行った今の人は思い込んどるんです。

それじゃ、もうあの北海道では森林は回復しないのかというと、するそうです。いろいろ調べた話を聞いてみたら、時間かけてこういう草地になって、毎年毎年地面まで凍ってしまうなかでちょっとずつ寒さに強い木が生えて、だんだん大きくなってきてやがて大森林に戻るんですが、その期間は大体二万年くらいらしいです。二万年となったら、人間の歴史からいったら永久に無理やということです。

ところが、「そんなことない。木を植えたらいいじゃないか」と言って、それを実験している団体があるんですね。「知床一〇〇平方メートル運動」と言います。土地安いから金を出したらかなり広い面積を買えて、そこへ木を植えて自然を回復させようというんです。ものすごく格好よかろ？

◇ 知床100平方メートル運動 ◇

斜里町は全国からの寄付金をもとに、知床半島に残された開拓跡地に森林を再生する運動「100平方メートル運動の森・トラスト」を行っている。

連絡先：〒099-4192　北海道斜里郡斜里町本町12　斜里町役場　自然保護係
TEL：0152-23-3131（内線125）
FAX：0152-22-2040
http://www.town.shari.hokkaido.jp/100m2/

知床に木を植えようと全国から行くんですよ。行ったら苗が用意されていて、エゾマツとかトドマツとかミズナラとか、いろいろと全部植えてくるんです。それらが、次の年の春になったら全部枯れる。それではこれは無駄かというと、これも不思議なことに無駄ではないんです。植えた木は全部枯れるのに、植えるために掘り返した土が剥き出しになったら、そこへちゃんと自然の芽が生えてくるんです。そして、森になる。

森といってもまだ一〇〜二〇年の話だから、ちっちゃい木やけどいっぱい生えているんです。やがて、その木が大きくなってきて最初の森ができるという理屈です。おそらくできると思います。しかし、できた森はこの表の下から行くのだからもとの森ではない。いちばん最初に生える森で、その木が大きくなってきて土ができて、その木の下に別の木が生えて陰で育つ木が生えてきて、それが上の木を越して枯らしてしまう。そして次の、その下に生えた木がもうひとつ大きくなる。

このへんだったら六〇〇年も経ったらもとへ戻ります。しかし、間違いなく六〇〇年かというと、それは分からんからなあ。

この前も、奈良で南方熊楠に絡んだ話、神島《かしま》の話をしたんやけ

神島の森林内部

ど、奈良の人たちは、「南方さんにまつわるものやから神島を見たい」と言う。見てくれたらいいけども、「今はちょっと困る。なにしろ、ウの糞で枯らされ、ネズミに齧られて、ガタガタになって今はちょっと見る影もない森になっているんで」という話をしたら、「その森はもう戻らんのか」と質問された。「いやいや戻る。じきに戻るさかい、戻ったら見てくれんか」と言ったら、「あと何年くらいで戻るんですか」と言うから「二〇〇年ぐらい」と答えた。

みんな感心して、それでは二〇〇年ぐらいしたら見に行くか……となったんですが、大体、こういう森の話は時間の長いものです。

知恵で残した偉大な文化財

さて、ウバメガシ（二一一ページの写真参照）というのは備長炭をつくるためにどうしてもなくてはならない木です。これがなかったら、和歌山県の名産品がひとつなくなるわけです。

ウバメガシの森というのは、紀南では当たり前の話です。どこにでもあるもんです。海岸にもあれば、山奥にもある。崖だったらどこにでもある。だから、紀州の人間にとってウバメガシはちっとも珍しいもんではない。ただ、あれは日本全国では非常に珍しいもんなんです。それを知っといてください。

ウバメガシの森が山の中にあることは自慢になります。というのは、四国、九州、中国地方にも、もとはたくさんあったんです。しかし、そこの人たちは全部ノコギリで伐ってしまったんです。ウバメガシは薪にもいいんで、何回も何回も伐っているうちにそれが全部なくなったんです。だから、今ではウバメガシしか生えないような海岸の崖山にしか残っていません。四国へ行ってもウバメガシは海岸線だけやし、九州でも本当の崖の岩地にしかないです。中国地方なんか、石灰岩地帯とか瀬戸内海の小さい島の岩場にあるだけです。紀伊半島と同じような伊豆半島でも、海岸にあるだけです。

ところが、紀州だけはウバメガシは海岸からずーっと入っていって、果てきりなしに奥まであります。果無山脈にもたくさんあります。もっと上っていって、奈良県南部の十津川にもたくさんあります。また、三重県の志摩半島にもたくさんあります。これは、全部紀州の人間、とくに田辺の奥の秋津川と、南部《みなべ》川の奥の清川、そのあたりの人が考え出した伐り方をしてきたからです。

どういうことかというと、ウバメガシの木はヨキ（二四ページの写真参照）で伐る。絶対にノコギリは使わない。そして、ほかのシイなんか炭の材料にいいことないやつはノコギリで伐る。全部、何百年もこれを続けてきたんです。そしたら、ウバメガシだけがいつまでも残った。さらに、この方法は紀州だけのもんで、よそへ出さなかったんです。だから、四国・九州にはないです。まあ、言ってみれば偉大な文化財です。

備長炭は大事につくらんならん。しかし、その材料であるウバメガシをチェーンソーで切るかぎりなくなります。

炭焼きさんたちと話していたら、とくに備長炭の指導をする「指導製炭士」という制度があるんですなぁ。和歌山県で炭を焼いている、経験豊かで知識のある炭焼きさんを、備長炭の焼き方を後世に残すために指導的な立場の人を一〇人（二〇〇七年現在一六人）指定しているんです。

この間、その人たち一人ひとりに話を聞いてみたんや。何を聞いたかというと、「チェーンソーで切ったらウバメは枯れるけど、どうすりゃいい？」と言うたら、「そうかい、枯れるかい？　芽、出るで。大丈夫やで、減らへんで」って言うてるんです。なかには、「あれは大変なこっちゃ、もうあかんようになるわ」って言う人が四人おりました。そうやから、あとはみんなチェーンソーで伐ることを気にしていないみたい。

チェーンソーで春から夏までの間にウバメガシを切ったらすぐに枯れます。これは、元気なときに、木が生長しているときに油ぶっかけるからです。チェーンソーっていうのは油の中をチェーンが回るわけです。チェーンがノコギリやから熱をもつから、冷やすために油をつけんならん。

今は枯らさんように植物油を使うという使い方があるが、値段が高いんです。「植物油使え」と言うても高いから使わんね。じゃあ、植物油使ったら枯れないかというと芽は出るんです。ところが、芽は出てもチェーンソーで切るかぎり傷口が荒れるから、新芽が何本もワーッと板みたいにいっぱい出るんです。そして、風が吹いたらパカーッと欠けるんです。それを何回か繰り返している間に、株は全部枯れます。

なにしろ、はたにほかの木がいっぱいあるんやから、切ったときにほかの木と競争して、ウバメガシが勝てるような方法をとらないとあかんわけです。今までのように、ノコギリとかヨキを使って。ほかの木をノコギリで伐り、ウバメガシはヨキで伐るというやり方をやっていたら、必ずウバメガシのほうが勝つんです。だから、あとにはウバメガシが残る。それをやらず、チェーンソーで伐るかぎり必ず減ってきます。

もう今、和歌山県だけじゃなくって奈良県とか三重県の、かつてのウバメガシ林が非常に広い範囲でシイ林に変わっています。何百年もかかって炭焼きさんがつくりあげたウバメガシ林をサーッと伐ったら、全部シイ林になってしまいます。

先人の自然観に山の真実

それで、ウバメガシを回復させるために、昔の人はほとんどヤマモモを混ぜて植えています。ヤマモモは根に根粒バクテリア[4]があって、空気中の窒素を固定します。だから、マメと同じ機能があるんです。根から肥料分をつくるから、それを植えることによってほかの木も元気になる。ヤマモモの葉とか枯れ枝はええ土になるから、非常に森林の回復が早いんですよ。おまけに、あいつは伐っても伐っても枯れない。ヤマモモというのは伐れば伐るほど横っちょへ芽を出していく。

この間も、高畑山のてっぺんで昔植えた一本のヤマモモの木が伐っているうちに三本に分かれて、それぞれが五メートルぐらいずつ離れているんですね。ああ、これやっぱり江戸時代に植えたもんやな、と思いながら見てたわけです。だから高畑山の上は、ミカン畑とかそういうのを守るためにええ森をつくるように骨を折ってたんですよ。昔の人の、そういう知恵というのは非常に大事やと思います。

ヤマモモ

結局、紀州っていうのは、今言ったようにウバメガシみたいに難しい木でも大森林として残せるだけの山に対する知識があったから、スギやヒノキの植林に対しても非常に深い研究がされてたんです。昭和二〇年までの、いわゆる戦争前までの山で働く人々は、一目見ただけで「ここは植林したらいい。こちらは植林したらダメだ」ということをきちっと見分けるだけの能力がありました。こういうような能力というのは、日本人は昔からみんなもっていたものです。海岸の漁師さんにも、漁師さん特有の昔から受け継いできた知識とかがあった。しかし、そういう能力というのを、明治政府は「非常に古い間違ったものである」と決めつけてなくそうとしたわけです。

政府は、明治から一〇〇年間にわたって徹底的にこの日本人の古い考え方をなくそうとした。ところが、紀州の人間はそれを受け付けなかったんです。だから、昭和二〇年ぐらいまで、延々と山に対して正しい考え方というものをもち続けてきたんです。ところが、戦後になったとたんに何もかもをいっぺんに止めてしまった。まあ、アメリカや欧米諸国のいわゆる科学技術に圧倒されて戦争に負けたんやということで、日本人としての自信をなくしてしまったのがいちばん大きいと思うんです。

結局、山に対する自然観とか、川に対する考え方というものを全部捨ててしまったんです。そのあとは経済の対象として山を見るようになり、山の自然の木をできるだけ伐って、これに何本植えたらいくらになると言ってスギやヒノキを植林してきたんです。あれからもう五〇年、半世紀も経つと山を荒らした結果がだんだんと現れてくる。

（4）一般にマメ科植物の根に共生して根粒をつくる細菌。空気中の窒素を固定して植物体に与える。自然界における窒素の循環に重要な役割を果たす。

ちょっとここで知っておいてほしいのは、自然界では「原因」と「結果」の間に三〇年なり五〇年なりの時間がかかるということです。よくウメ枯れの話で、「あれは原因なんな?」と言われていますな。非常に単純に、「あの火力発電所の煙がここへ来て枯れるんや」と言います。それはそうかも分からんし、影響がないとは言わんけども、そんなに単純に結果は出てこんのです。出てくれれば、僕はこんなに苦労せえへんのやけど……。

結局ね、今ウメが枯れている原因は二〇年から三〇年前にある。だから、枯れ始めたのはもう十数年前からですから、戦後すぐにその原因があったと考えんとあかん。昭和三〇年ごろの原因が、だんだん結果になって出てきてるんです。

同じように、今、誰かれなしにガンになってみんな困っているのも、何十年か前にその原因があるということです。だから、いろいろな専門家の言うことに一理はあるんですが、大学なんかの先生が実験して「これは確かや」と言うてやっていることは、果たしてほんとにそうなのかという疑問があります。

ひとつひとつの問題が原因ではないので、県がたくさんの専門家を呼んで研究してもらっても無駄なことだと言えるんです。ほんとは、枯れるようになった、あるいは害虫とかウイルスがつくようになったもとの原因は何なのかということを突き止めなければならんのです。

結局、戦後やってきた農薬の使用とか、大面積のウメのつくり方とか、植林によって紀伊半島の気候がどれくらい変わったかとか、そういう戦後にやった大きな問題のほうが直接の原因になっているはずなんです。直接的でないようなことがほんとの原因である。そうとらえないと、自然というものはつかめんのです。

川の石はなぜ丸い

この間、愛知県で大雨が降った[5]のですが、あれを記録的な大雨だったと言うてます。「五〇〇ミリも降った。これは記録的な大雨だった」と新聞は書くんやけど、記録的な大雨というのはどんなんか。

ほんとに記録的な大雨というと、一日に一〇〇ミリぐらいずつ一週間降り続いて、そして八日目に最後のとどめの一発として一一〇〇ミリ降ったというのがあります。どこか知ってる？　田辺です。こんなに降ったら日本一やと思うやろうけど、日本で四番目ぐらいのものです（明治二二年）。ほとんどの正確な記録は明治以降やから一〇〇年の記録です。だから、「これはもうしゃあないわ」というような記録的な大雨というのは、そんなのを言います。五〇〇ミリなんてまだまだです。

朝日新聞（2000年９月13日付朝刊）

（5）　二〇〇〇年九月一一日、一二日を中心に名古屋市およびその周辺で起こった豪雨災害。

もうひとつ記録があるんや。ひとつの台風で三〇〇〇ミリも降ったことあるんです。三〇〇〇ミリというたら三メートルやで。どこかというと大台ヶ原です。紀伊半島中央部の雨は全部紀ノ川と熊野川へ流れてくる。みな、和歌山県です。だから、和歌山県というのは大雨に関しては自慢できる。それをはたへ置いて、「これは記録的な大雨や」というレベルのもんではない。

もちろん家も浸かるし、いろいろあるんやで。大雨が洪水になるということは間違いないけど、それが必ず災害につながるということではない。どんなに大量の水であっても、水だけではそれほど大きな力はないんですよ。水には流す力はあるけども、壊す力はない。このへんだけ、しっかりと頭へ入れておいてほしいんです。

水は、木材とかそういう軽い物は流すが重い石とかを流す力はまるっきりない。ましてや、堤防をぶち切るなんてことはできない。ただ悪いことに、小学校の教科書から始まって、ずーっと「水には浸食と運搬と堆積の三つの作用がある」と習ってしまう。みんなそう習ってきたんやが、これはおかしなことで間違いです。

さらに、川が石ころをどんどん流していくから上流では角張って下流へ行くと丸くなるんや、と教科書に載ってあるんですが、これもたぶん嘘です。教科書がほんとだと思う人は、富田川の上流の兵生《ひょうぜ》まで行って見てきてほしい。兵生の石は丸い。日高川だったら龍神の大熊まで行ってみればええ。そこで川原

川原の石

の石を探してみたら分かる。みんな丸い、初めから丸いんや。

石が丸くなる理屈はね、川へ山から石が落ちてくるときに四角いのや平べったいのがあるんやけど、落ちてくるんやから必ず角張った石ができる。この石がどこで丸くなるかというと、最上流の枝谷です。枝谷《えだだに》のてっぺんでは、上から落ちてきたとこやから角張ってある。ここへ石が一個積まれたら、その重みでここの石がこっちへ出るんです。ほやから石同士で削れてくる。小さい谷でも、谷から出るまでに石と石が擦れ合って丸うなるわけや。だから、日高川の本流まで出たらみな丸うなってる。枝谷から出たら、どんな上流でも石は丸いんや。

中学のころ、僕らはよく化石を拾いに行きました。有田郡というのは化石の本場なんです。だから、このへん（田辺）の子が海で大きな魚を釣って遊ぶのと同じで、有田の子は化石を拾って遊ぶんですね。ミカン畑にいっぱい化石が転がっている。これはアンモナイトや、これはイノセラムス[6]やと、五年生くらいの子がそうやって遊ぶんです。

僕は有田郡の耐久中学校（旧制）に行ったので、みんな仲間が化石に詳しいんです。僕も興味があるから、ついそういうことを覚えて採りに行ったんです。

みんなが採ったところで採るのはシャクやから、新しい化石の産地を地層の間で見つけようといろいろやったあげく、いちばん世話のないのは川原を歩くことでした。川原をずーっと歩いていったら、白っぽ

（6）中生代のジュラ紀から白亜紀の海で繁栄した二枚貝。種類によっては体長が一メートルを超えた。

い石のなかに黒いかけらとか、黒っぽい石のなかに白い貝殻の化石が見つかるわけです。もう石は丸くなっているから磨り減ってしまっているんですが、その石のなかに化石がある。川原の石は磨かれているから分かりやすいんで、それを見つける。それを見つけて、その川原のもっと上流側の岸壁の岩を見たらちゃんとついている。だから、欠けた石は数十メートルで丸くなっているんです。そやから、数十メートルを移動するのにものすごく時間がかかっていることになるんです。

土石流発生の仕組みと「七・一八水害」

次に、どんな仕組みで大雨が土石流を引き起こすかについてお話をします。護摩壇山などの紀伊半島の高い山で大雨が降っても、普通の自然林だったら問題はない。崩れてもたかがしれています。

ところが、植林になると、根が浅くしか入ってないけど絡み合って板状になっているから普通の雨ではなかなか崩れんのです。水は地中に染み込まず、その表面をさっと流れてしまいます。大雨が降ったらすぐに川の水がどっと出て、すぐ水がなくなるのはそのためです。

しかし、これが一週間にわたって毎日五〇ミリとか一〇〇ミリの雨が降ってここにじわじわと染み込んでくると、しまいにこの根の下を水が流れるようになるんです。そうして、最後にとどめの一発の五〇〇ミリというような大雨が降ったとしたら、これがこのまま滑るんです。これがそのまま滑って、土砂で谷をペタッと止めてしまう。そしたら、その奥に自然のダムができるんです。この水がやがて押してきて、この崩れてきた石と土と木材なんかをみんな押し流すわけです。これが土石流です。

鉄砲水はいっぺんに出てくる水で、土石流は山崩れに伴って起こる。土石流というのは、泥が混じっているから水ではないんです。たとえば、日高川なんかはひん曲がった川の代表みたいな川ですね。あの曲がった川が塞き止められて土石流がここに起こったとします。泥と水が一緒に流れるとき、つまり土石流になったときに水は水でなくなるんです。どうなるかというと、まっすぐに行くんですよ。上流から押されたら、水ではなくコンニャクの柔らかいみたいなものだから、押されれば上へ上がるんです。行く手に山があれば上っていく。押してくるから上へ上がってそのあたりの土を全部えぐるんです。一気に流れてきて、次の曲がり角でまたえぐる。これを繰り返すから、土石流は大きくなるばっかりです。

この土石流はやがて平野に行き、そこに家があれば家のほうへ行って、高台でも土石流がザーッと上る。もちろん、ここにある堤防は全部土石流に食われてしまって、頑丈な堤防であるほど被害は大きくなる。土石流はずっと上へ上がるんです。

どれくらい上がるかというと、僕は昭和二八（一九五三）年の「七・一八水害」を見たんですが、そのときの雨は記録的な雨ではないんですよ。実は一週間くらい、梅雨の末期の大雨が降り続いて最後に一日五〇〇ミリくらい降ったんです。四五〇ミリと記録にはなっています。もっと降ったんだけども、それを丁寧に計った人なんかがみんな流されてしまった。

僕の仲間たちは、早蘇《はやそ》中学校なんかに泊まり込みで観測したんです。そしたら、雨量計を置いた学校ごと流れた。グラウンドも流れた。その中学校の校舎がそのまま壊れないで流れて今の国道の天田橋にぶつかり、橋の両側が流れて真ん中が残った。二〇〇人ほどがそこへ乗っていたというから、いかに人が流されたかということです。全部、土石流がやったんです。水じゃない、怖いのは山の崩壊（二二〇ページの写真参照）なんです。

その点、自然林であったら、根が下へ深く入るから全部一緒に崩れるということはない。山崩れはどうしても起こりますが、山の斜面から山腹が全部すべって大きな湖をつくったということはない。

と言いながら、和歌山県の北ではそれでもだめなところがある。滑ろうと待っているところがある。有田川から紀ノ川の間の地域は特別おかしな地質で、今から三億年も四億年も前の非常に古い、日本列島がまともに水面に出てきてないころに堆積した非常に古い古生代の地層です。古生代の地層が押し潰されて、熱をもって石の成分が溶けて再度石になり直したんです。これが変成岩です。

それで、この変成岩地帯というのが有田川から紀ノ川の間にあるんです。これはかなり広いですよ。諏訪湖からずーっと中央構造線の南側にある。だから、四国も同じです。そういうところは、なんせ押し潰されてできた岩石だからものすごく滑るんです。「七・一八水害」のときに新子(7)で滑ったのがこれです。山がそのまま滑った。山に瘤《こぶ》があって、それがスコッと滑った。そして、

紀伊民報
豪雨・縣下中部を襲う
7·18和歌山縣水害と命名
死者 行方不明五千余
御坊、箕島方面全滅
九州水害上回る大被害
復舊見込つかず
切目川の鐵橋流失
紀勢線全通は二週間
あめん棒のように曲つた切目川鐵橋
遂に引返す
本宮、四村は全滅?
國警機動隊が救援
御坊平野は泥の海
被害さらに増大
全然予想つかず
天象表
送電まで二

紀伊民報（昭和28年７月20日付）

ダムをつくったんです。そのダムは人間が造ったダムより大きく、山が落ちてきてそのままできたもんで、あんまり大きすぎて流れなかったから水害には関係なかった。

ところが、秋に台風が来て、また大雨が降ってそのダムが崩れた。だから、有田平野は「七・一八水害」の年に二度にわたって水害に遭ったわけです。有田平野へ流れてきた泥が、大体電柱の三分の二の高さにまでなったんです。

僕の友達の家が有田平野のど真ん中にあったんやけど、ちょっと高いところだった。周りにミカンの木を植えて、そのミカン畑の中に家があったですけど、その木のおかげでそこへ流木がひっかかって、しまいには家が埋まるほど流木や学校の机までが積み上がったけど、結局、家は流れなかったんです。流木をとりのけて長い木は切ったあとに売ってその金で家を修理して、株を全部風呂の焚き物にして一二年間にわたって焚いた。どれくらいか分かろ？　でも、有田郡はいいことにミカンどころやから、財産は全部山にあるんです。だから、財産が流されないで助かったんです。

水害っていうのは、そういうような土石流が伴わないと起こらない。だから、我々が植林不適地に密植(8)した山とか、木がどうしても生長しにくい植林とかをなんとかしようとしているほんとの意味はこれなんです。

（7）かつらぎ町（旧花園村）新子《あたらし》。

（8）通常は一ヘクタール当たり三〇〇〇本程度植林するが、これを六〇〇〇本以上植える場合、造林用語で「密植」と言う。間伐を繰り返し、最後は一〇〇本ほどにまで絞っていく。本文では、間伐せずに放置した過密植林のこと。

人知を超えた自然の力——南海地震

大体、自然の力を人間の力で押さえ込もうという考え方そのものが間違いです。昨日も地震がありましたね。なんせ、自然の力はああいう地震のときにいちばん骨身にしみて分かるんです。

昭和二一（一九四六）年の南海地震なんかを、できるだけ若い人に語り継いでいかんなんだろうと思います。そうでないと、南海地震のときを知っている人っていうのはもうそうはいない。昭和二一年だからね。あと三〇年以内に南海地震がまた起こりますね。みんな新聞に出てるから覚悟はできている。

この間の阪神淡路大震災[9]のマグニチュードは七・三です。地震の大きさはマグニチュード、それが二増えると地震のエネルギーが一〇〇〇倍大きくなる。七と八では、その間で大きさが三二倍違う。前の南海地震は八・〇で、安政の大地震と比べれば比較的小さかったんですけど、次の南海地震は八・五と予想されてます。もし、東南海地震と同時に発生すると八・七になって、めちゃくちゃに大きい。

大体、室戸と潮岬、四国や紀伊半島の南端が一メートル上がる。田辺

◇ 南海地震 ◇

紀伊半島の熊野灘沖から四国南方沖を震源とする周期的な巨大地震の呼称。近年では、1946（昭和21）年12月21日、和歌山県潮岬沖78km（深さ24km）を震源として発生したマグニチュード8.0の昭和南海地震がある。

朝日新聞（昭和21年12月22日付）

から湯浅あたりの和歌山の真ん中へんは一メートルもいっぺんに下がる。[10]地震が大きすぎて、揺れの大きさが潮岬、日置、大阪も広島あたりまで揺れは同じです。僕の経験では、揺れている時間三分以上（書物では四分と書かれているのもある）でめちゃくちゃ大きい。

地震となったら何かにつかまるが、そのつかまっているものも揺れる。外に出て地面に座っても、地面が揺れているからつかむところがない。前の南海地震では、四分間揺れ続けてとてもまともに歩けない状態でした。それでも、このときの地震は規模が小さかったから壊れた家がほとんどなかった。

で、川でいちばん怖い建造物はダムです。壊れるか壊れないかは地震が来てみないと分からないけど、壊れなければ幸せです。もし、壊れたらダムの下流は壊滅します。

ああいう戦後に造った建造物はみんな地震の経験がないんです。非常におかしなことに、「鉄筋コンクリートは地震に強い」という神話をつくった。耐震建築は大抵が鉄筋コンクリートやけど、神戸の震災で鉄筋の建物もたくさん壊れましたよね。五階建ての二階が全部なくなったとか、一階がなくなったとか。

どうしたらいいのか僕には分かりません。コンクリートのダムの底半分以上が土砂で埋まっているから、崩壊したら必ず土石流になりますね。日本国中、大抵ダムがあるから危険なのはどこも同じです。僕もあまり長生きせんのでこの機会に話をしておきますが、そのときが来れば、あんな話をしてたなぁと思い出してもらえたらと思います。

（9）一九九五（平成七）年一月一七日、淡路島北部を震源とした大地震。阪神間および淡路島の一部において震度七・二の揺れを観測、兵庫県南部を中心に大きな被害をもたらし、神戸市街地は壊滅状態に陥った。

（10）瞬間的にそのような動きをする可能性はあるが、その状態で固定するわけではない。

自然の力を受け流す——濱口梧陵

それで、南海地震で僕がいちばん悔しいのは、その時分（昭和二一年）にたくさんの昆虫標本をつくってあったんやけど津波で全部流れてしまったことです。なんといっても、広村（現広川町）は津波の名所ですから。

広村は湯浅湾のいちばん奥にあったんです。湯浅湾は口の広い湾なので、湾に入ってきた波が湾が狭まるにつれてだんだん高くなるわけです。だから湾の入り口で二メートルの高さの波だったらゆるやかなうねりやから、ああ波やなという程度です。船が上がったり下がったりして、それで終わりです。ところが、湾の真ん中まで来て、湾の広さが半分になったら四メートルの波になる。それが奥へ来るにつれてだんだん高くなり、ついには三〇メートルという高さになって全部流されてしまう。

江戸時代末期に安政の大津波を見た濱口《はまぐち》梧《ご》陵《りょう》さんが、自分の財産をなげうってここへ堤防を造りました。その堤防が広村堤防です。

この堤防はこんな形に造ってある。これは、やっぱり見習わなあかんと思う。この堤防には観音開きの部分があって、いつも開けっ放しです。それから一〇〇年経った昭和二一年になって津波が来たわけです。一〇〇年前の鉄の扉なんて錆ついてどうにもならない。地震が起こって津波が来るというのに、分厚い鉄板は人間の手ではどうもこうもならない。

どうしたと思う？　みんな、津波が来たら逃げたんや。逃げたらザーッと波が来た。そしたら、鉄板がピシャッと閉まったんです。波の力では閉まるけど人間の力ではどうもならん。そして、前をつめられた津波は横へ行った。港にあった船なんかは湯浅のはたへ入る、今のJRきのくに線の上に大きな砂利船が載っていたから、どれくらいすごい波が来たかが分かるやろ。

　僕がいた耐久中学は堤防の外にあったから、当然流された。流れるためにおいてあるようなものや。すっかり流れて、学校は「流れた」というより二階建ての一階が抜けてしまった。校舎は流れなかったけど、僕の標本は流れてしまった。それと一緒に、中学校三年までの僕の成績が全部流れてしもた。僕は四年から成績が良くなったけど、入ったときは一六〇人中で一〇三番やった。そういうややこしい成績が全部ないんです。その後、五〇番内へ入って、それだけが今は残っています。（笑）

　そして、ここにあった運動場の半分が流れま

◇ 浜口梧陵（1820～1885）◇

有田郡広村の生まれ。家業のヤマサ醤油（下総国銚子）を継承。明治新政府の駅逓頭（郵政大臣の前身）、和歌山県議会議長（初代）などを歴任。安政の大地震（1854年）の際、稲むら（稲束を積み重ねたもの）に火を放って多くの村人を高台に誘導し、津波から救った。この実話をもとにした「稲むらの火」が国語の教科書（昭和12年）に採り上げられた。

広村堤防の鉄扉

濱口梧陵

した。入ってきた水はどうなるかというと、戻るときに人家を襲うんです。全部床下浸水になるんだけども、床下浸水で治まるんです。何故かというと、この門がパッと開くんです。だから、水がみんな流れてしまう。それで、ここ（広村）は大きな被害なしです。

これを見て、県の土木担当者がこの堤防はすごい力があると言って感心した。感心してくれたらそれでいいのですが、何をしたかというと、感心したその堤防を途中から伸ばしたんです。「これで次の津波は大丈夫だ」と言ったんです。そして、その翌年、大きな台風が来たんです。その堤防の伸ばした分部は全部台風で流れました。台風で流されるような堤防なら、造らんほうがよかったのぅ。

結局、濱口梧陵さんの考えた堤防というのは、津波の力を横向きに変えさせただけです。今は、じきに堤防を高くして水を入れまいとするんですがこれは間違いです。昔の日本人が考えたのは、全部濱口梧陵さんのようなやり方なんです。だから、信玄堤[11]なども今でも残っているんです。その考え方は、水の力に逆らっていないんです。

熊本にも、加藤清正が造らせた干拓事業がある。沼地を埋め立てて水田を造っているんです。その水田は、津波が来ても台風が来てもどうもない。ところが、その後に造ったのは必ず流れるんやと。

自然に対する日本人の考え方は、昔は非常に穏やかだったし、逆らわなかった。自然に逆らうような形になったのは明治以降で、結局ヨーロッパから入ってきた考え方がだんだん大きくなっていったんです。それでも戦前までは、ヨーロッパから入ってきたそういう考え方に日本の土地の人間が逆らったんです。だから、「大学でこんなことをやっているのだ」と言って大学の研究成果をもって指導しても、「わしらは昔からこうやっている」と言って逆らってきた。逆らうような年寄りがおって、みんなもその年寄りの声をよく聞いたんです。

ところが、戦後、日本が戦争に負けて以降、負けたのは年寄りらが悪かったのだというようになってしもた。さらに日本が不幸だったのは、ヨーロッパからの自然科学が直接入ってきたのではなく、アメリカのフィルターがかかっていることなんですよ。

ヨーロッパには、ヨーロッパなりのひとつの伝統がある。日本の昔からの人の考え方に比べたらヨーロッパ人は非常に単純です。おまけに、雨の多い日本に、ヨーロッパとはまるっきり気候の違うところへヨーロッパの考え方を持ち込んできた。

これは間違いです。間違いやけども、それがヨーロッパから直接来てあったらよかったんです。向こうには、長い二〇〇〇年の歴史があるわけです。その歴史が一緒に来るんやったらある程度は弾力性もある。これがまったく伝統のないアメリカを通ってきたことに、おかしなところがある。おまけに、アメリカから入ってきたものの上前だけはねたような戦後のやり方がもっと悪かったんです。

植林、このスギやヒノキの一斉植林なんていうのはドイツから入ってきたんです。入ってきたときに、ドイツは「あれは失敗だった」とすでに方針を変えているんです。それから一〇〇年経っても日本は変えていない。

で、「土木の人らはもっと怒れ」と言ってやった。こういうような日本の林野行政の後始末や尻ふきをしているのは土木やないか！　一生懸命に堤防を造る、上流は山を源流域まで壊してしまい、山を崩壊し

(11)　山梨県甲斐市にある堤防。霞堤。戦国時代、甲斐の戦国大名である武田信玄により築かれたとされる。

て土石流ができるようにし、大きい災害が出たとなったら土木のほうで堤防をなんとかしろ、となる。結局、日本の林野行政の失敗がそういうところにツケとして来ているわけです。

修復の世紀へ

結局、日本の二〇世紀とは、過去数千年、人と自然の営みのなかで培ってきた自然とともにあった知恵を失った世紀と言えるわけです。

僕は、半世紀以上、紀伊半島をフィールドワークの場として、その自然破壊をつぶさに見てきました。それではっきりと言えるのは、紀伊半島の、もっと広く言えば日本の二〇世紀の最大の間違いは、先祖から受け継いできた知恵を捨て去り、経済活動だけで行われた拡大造林や河川工事や護岸工事に代表される広範囲な土木事業などによって人と自然との穏やかな協調関係を完全に潰し、子どもたちに崩壊寸前の国土と環境汚染しか残せなかったことです。

手入れできない植林も、半分土砂で埋まったダムも、コンクリートで固められた河川や海岸も、すべてが今後大規模な災害につながる「負の遺産」です。すべてのことに僕が解決策を答えれられるわけがありませんけど、崩壊寸前の植林については、国民総出で「巻き枯らし間伐の運動」を行えば今なら崩壊を止められると思います。

それともう一つ大切なことは、二〇世紀で失われた日本人の自然観、先人たちの自然を見る目をもう一

那智水源で崩壊する林道斜面

崩壊しつつある林道

那智ノ滝の水源域は大部分が人工林で、十分な手入がなされているとは言い難い。水源域は脆弱地層であり、林道の斜面崩落があちこちで目に付く。将来、那智ノ滝の水は大丈夫なのだろうか。

度取り戻すことです。昆虫や植物や動物から学び、自然を見つめた先人の自然観を取り戻すことが、二一世紀を生きるみなさんにとって一つの希望になるのではないかと思います。まだまだ、山で暮らす人や農業を長年やってる人にはそんな自然観をもってる人がいます。素直な気持ちでそういう人に学んでください。昆虫や動植物もじっくり付き合えば、そうしたことを教えてくれるはずです。

最後に、この熊野の自然というのは「水で、雨で保ってきた自然」です。私たちは、子どものときから学校で温度を中心に習ってきました。「温度によって森林はこうなります。温度によって分布がこうなります」というように温度ばかりで習ってきましたが、「雨がこうだから、湿度がこうだから」ということは出てこないのです。これは、近代学問を確立したヨーロッパ人にそうした考え方がないからです。日本人本来の雨からの考え方や水からの考え方が、日本の自然、とくに紀伊半島の自然を理解するためにはどうしても必要です。この、「水の自然」という視点をもう一度取り戻す必要があります。自然と人を考えるためには、すべて森林から出発しなければできません。本当の森林再生に向かってこそ、二一世紀を修復の世紀にすることができると思うのです。

ありがとうございました。

後藤伸と私　森の再生が意味するもの

鈴木　昌
（元東京教育大学理学部助手。天神崎の自然を大切にする会評議員）

県主催の自然愛護テクコロジー(1)が高野山で行われ、後藤さんが中心になって、県自然環境研究会のメンバーが講師陣として自然解説をしていたときのことである。

スギ林の山道にさしかかると、参加者のある女性グループが「さすがは霊場の高野山だけあって、すばらしい自然が満喫できる」と感激していた。私は「これは自然本来の姿ではないですよ」と言って、そのころ水収支(2)に関連して定期的に調査に入っていた大塔山系大杉谷では、大雨でも日照り続きでもほとんど大杉谷の水位が変わらないことを話したが、半分は同意しがたいようであった。

やがて傘が必要なほどの雨降りとなり、登山道が周りの山肌から流れ込む雨水のためにたちまち水浸しとなった。すると、先程の女性たちが私を見つけて、「やっとここが本当の自然の森ではないことが理解

（1）「テクテク歩く」ことと「エコロジー」を組み合わせた造語。
（2）特定の地域や流域における流入量（降水量）と流出量（蒸発を含む）から、土壌水や地下水などで貯留している量を推察する。

できそうだ」と言ってくれた。

本来の自然を見たことのない人が、目の前の自然を「ほんまもん」かそうでないかが分かりづらいのは当然かもしれない。我々がつい騙されがちな武蔵野のクヌギ林をはじめとして、大木の残る鎮守の杜や崖地を覆うウバメガシ林、さらには富田川の源流域にある水上保存林さえ、後藤さんは「原植生でなく、長い人為的な営みや叡智が加わってもとの原生林から変化して保存されたものだ」と言い切る。

これは、むろん植生遷移を知り尽くした、氏の優れた洞察力によるものではあるが、氏が若いころから、当時はまだ一部に残されていた原生状態に近い紀伊の山々を歩き回ったことと、持ち前の気さくさで里の長老たちから森の姿を聞き取り続けたという経験があってこそのことではないかと私は思う。

護摩壇山や大塔山系の森林を残そうと氏が情熱を注ぎ続け、我々もそれについていこうとしてきたのは、水源としての重要性のみならず、ここが現存する自然物のなかでは、自然観や自然保護の「原点」もしくは「頂点」としての価値があるからにほかならない。

氏は日高郡由良町生まれで、湯浅の耐久中学出身である。由良には白崎海岸など各所に石灰岩が産し、高温で焼いて畑に利用したことや、国道脇の石灰岩にビワがよく育つことも氏は現地を回りながら話してくれた。湯浅は中生代の化石の宝庫で、熱心に集めたという話も聞いた。

耐久中学・高校は、天体観測ドームを有するなど地学教育に熱心で、多くの地震学者などの地学関係者を輩出している。さらに、氏は和歌山大学で伝統的な地学を学んだ。田辺高校では、私が着任するまで地学も教えていた。このように、生物のみならず県内の地質や地学に関しても豊富な知識や現場を知っていることが氏の自然観の重要な要素であろう。

日高川や有田川の水害が植林地ゆえに発生した土石流災害だったことは、護摩壇山一帯でその山崩れの現地を歩きながら氏から直接説明を受けた。それで私は、田辺市の高尾山西斜面が明治二二年水害で崩壊したこともよく理解できた。また、奇絶峡近くの風穴調査に行った科学部員に、目の前の河原に座る巨大な大石が大水だけでは動かないが、土石流の中では軽石のように浮いて流されることを説明することもできた。川の石がこすれ合うことによって丸くなることや、南海地震の津波の記録や浜口梧陵が残した堤防と水門の偉大さは地学の立場からも貴重な指摘であるが、それらは、上述したように氏が優れた地学教育に触れてきた経歴に基づいているからでもあろう。

氏が一貫して訴え、情熱を傾けてきた熊野の森の再生は、破壊に次ぐ破壊を続けてきた自然の修復の道でもある。極言すれば「原生の森の復活」とも言えるが、悲しいかな、それは暴論か実現不能なロマンとさえ見える。

しかし、現代文明は地球温暖化に象徴されるように、地球環境の壊滅的な破壊の危機にさえ立っている。山の森、とりわけ大河川の源流域をもとの森林に戻すことは、水を保って生きた川を取り戻すことだけではなく、人類存亡の危機を救う最後の砦となるのかもしれない。

我々は、氏ほどの総括的な思いをもてないし、行動もとれないかもしれないが、一人ひとりが少しでもできることを今起こさねばならないのではなかろうか。

あとがき

一九九七年一二月一日、「熊野の森ネットワークいちいがしの会」が発足し、熊野（紀伊半島南部）の本来の森である〈照葉樹林の復活を〉を合い言葉に森林保全の活動を始めて早くも一〇年が経過しました。本会の核でありました初代会長後藤伸先生は惜しくも五年前に他界されましたが、「先生の講演記録を本にしたい」という望みが一〇周年を機にやっと実現しました。

後藤先生のことを語ればきりがありませんが、カメムシを主とする生きものたちと照葉樹の森の研究者で、学生時代から熊野の山々に分け入り地道なフィールドワークを続けること半世紀以上。動植物の気持ちを代弁できる人であり、森の環境の変化もいち早くキャッチできる人でありました。

「地球上の生きものには何一つ無駄なものはない」

「虫の声を聞け（生きものたちの立場、その目線からものを見て、彼らからのメッセージを受けとめよ）」

これが先生の口ぐせでした。

本来の森では、すべての動植物や菌類が土や光や水を介して、直接的、間接的に、幾重ものつながりをもって命の活動を続けている。すべてが一体となって、森全体が一つの生命体としてある。生きものたちはひたすらに、成長と子孫を増やすことに専念しているようですが、森全体を見れば大きな調和のなかにあるのです。多種多様な生きものの棲む森の姿を見ていると、「いちいがしの会」が、一人ひとりの考え方、生活環境の違いを認め合いながら自然体で活動する姿に似ていると感じます。

　失われた自然、消えつつある自然、壊すのは一瞬、元に戻すのにはその何倍もの年数が必要となります。当会では、種を拾って苗を育て山に戻す植樹、巻き枯らし、調査、研究、観察会、勉強会などを行ってきました。そして、目先の活動だけでなく、一〇〇年先、二〇〇年、一〇〇〇年先に本来の照葉樹の森が生い繁っていることを夢見て、息の長い、気の遠くなるような夢を追って、「そんなアホな集団があってもええやろ」と笑っていた後藤先生が、命をかけて愛した熊野の森の未来を私たちが受け継ぎ、一歩一歩確かな足取りで前進を続けたいと思います。

　この後藤先生の講演集が、一人でも多くの人に読んでいただけることを心から願っています。

　最後になりましたが、本書の発刊にあたり、さまざまな形でお力添えくださったすべてのみなさまに心より御礼申し上げます。

二〇〇八年　九月　九日

熊野の森ネットワークいちいがしの会会長　竹中　清

後藤伸　関連年表

■一九二九年（昭和四年）：〔〇歳〕
・一二月一日誕生　出身地：和歌山県日高郡由良村（現・由良町）七男一女の末っ子（七男）として生まれる。
・ニューヨーク株式市場大暴落〈世界恐慌〉

■一九三二年（昭和七年）：〔三歳〕
・兄、宏の影響で、宏が集めていた生物関係の書物を小さい頃から読んで育つ。
・天皇陛下紀南行幸（六月一日）南方熊楠が神島を案内
・五・一五事件で犬養首相射殺さる
・木材の価格下落で山村窮乏、一九二〇年と比べ木材六分の一以下（紀伊新報七月二日付）

■一九三六年（昭和一一年）：〔七歳〕
・由良村立畑小学校入学
・二・二六事件
・三菱重工が木炭自動車製造開始（二月）

■一九四一年（昭和一六年）：〔一二歳〕
・太平洋戦争始まる（一二月八日真珠湾攻撃）

■一九四二年（昭和一七年）：〔一三歳〕
・和歌山県立耐久中学校入学（現在は耐久高校）

■一九四五年（昭和二〇年）：〔一六歳〕
・広島・長崎に原爆投下（八月）
・日本無条件降伏、第二次世界大戦

■一九四六年（昭和二一年）：〔一七歳〕		が終わる（八月一五日） ・日本国憲法公布（一一月三日、翌年五月施行） ・南海大地震（M八・〇）県下の被害甚大。死者二六九人（一二月）
■一九四八年（昭和二三年）：〔一九歳〕	・和歌山師範学校入学（四月）	・物価高騰続く
■一九四九年（昭和二四年）：〔二〇歳〕	・和歌山大学教育学部に編入入学（師範学校等を包括し新制大学発足） ・日本貝類学会採集会で初めて神島、畠島に上陸、採集（八月）	・農林省林野局が林野庁に昇格 ・湯川秀樹博士、日本初のノーベル賞受賞
■一九五〇年（昭和二五年）：〔二一歳〕	・紀州昆虫研究会が発会、第一回総会（一月）初代会長は後藤宏（兄） ・上高地ほか信州各地へ初めて採集	・朝鮮戦争勃発（六月） ・警察予備隊発足
■一九五一年（昭和二六年）：〔二二歳〕	・南紀生物同好会第一回総会（二月四日）　初代会長は山本虎夫氏 ・初めて大塔山系（法師山）に入り採集（八月）	・サンフランシスコ条約、日米安全保障条約調印（九月四日） ・朝鮮特需で木材価格半年で六五％跳ね上がる（二月）

■一九五三年（昭和二八年）： 〔二四歳〕	・和歌山大学教育学部卒業 ・佐本村（現・すさみ町）立佐本中学へ赴任（四月～半年間）、古座川から大塔山、宮城谷から将軍山に度々入山	・田辺～合川間にバス開通（九月） ・集中豪雨「七・一八水害」、死者一〇四六人。日高川・有田川流域被害甚大 ・木材価格急騰（七、八月）
■一九五四年（昭和二九年）： 〔二五歳〕	・由良町立衣奈中学へ転任（一〇月） ・日本昆虫学会東京大会（一〇月） ＊後藤、吉田の二人で参加	・保安林整備臨時措置法により奥地林の国有林への買い上げ始まる ・「神武景気」始まる
■一九五五年（昭和三〇年）： 〔二六歳〕	・紀伊半島南部に残る照葉樹林の生態調査を開始。日本生態学会に所属	・チェーンソーの試験導入始まる ・拡大造林が始まる
■一九五六年（昭和三一年）： 〔二七歳〕	・第一回神島学術調査に参加。カシマイボテカニムシ（新属新種）を発見採集	・日本の国連加盟決まる（一二月） ・東京向け木材製品、田辺全国一位（日刊木材新聞一〇月五日付）
■一九五七年（昭和三二年）： 〔二八歳〕		・関西電力殿山発電所（合川ダム）完成（五月）
■一九五八年（昭和三三年）： 〔二九歳〕	・植野みち子と結婚（三月三〇日）	・台風一七号の豪雨で合川ダム放水、日置川下流大被害（八月）

■一九五九年（昭和三四年）：〔三〇歳〕	・長男、岳志誕生	・国鉄紀勢本線全通（和歌山～亀山間）（七月） ・伊勢湾台風、江住付近に上陸。風倒木五〇〇万石、県下被害七一億円（九月）
■一九六〇年（昭和三五年）：〔三一歳〕	・和歌山市の加太中学校へ転任（四月）	・日米安全保障条約延長、安保反対闘争 ・一九六〇年代の拡大造林面積は毎年二〇万ヘクタール以上 ・池田内閣成立、高度成長政策始まる（七月一八日）
■一九六一年（昭和三六年）：〔三二歳〕	・長女、由紀誕生	・全国外材輸入量、前年比三倍
■一九六三年（昭和三八年）：〔三四歳〕	・田辺高校へ転任、田辺市に転居（四月） ・田辺高校にて生物クラブ生徒を指導。日本学生科学賞に連続入選八回（一九七九年）のうち文部大臣賞一回	・ケネディ米国大統領暗殺される（一一月） ・田辺市文里に全国初のパルプ会社直営チップ工場が創業（五月）

年	個人の動き	社会の動き
■一九六四年（昭和三九年）：〔三五歳〕	・栗栖太一（五九歳）と出会う ・田辺市文化財審議委員（生物関係部門）に就任（八七年まで） ・大阪営林局が中小屋谷の伐採計画を公表 ・日本自然保護協会関西支部が林野庁、大阪営林局に対し、伐採中止の要望を提出	・東海道新幹線開業、東京オリンピック開催（一〇月） ・新築着工面積における非木造が木造を超える（団地急増）
■一九六五年（昭和四〇年）：〔三六歳〕	・自然林を伐採して不適地に植林する〈拡大造林〉に対して反対運動を開始	・米国、北ベトナム爆撃開始（二月） ・名神高速道路全線開通（七月） ・ほぼチェーンソーに完全移行 ・紀勢本線「特急くろしお」運転開始（三月）
■一九六六年（昭和四一年）：〔三七歳〕		・高野龍神スカイライン開通（八月）未舗装道 ・トラックでの木材の関東送り開始
■一九七〇年（昭和四五年）：〔四一歳〕	・環境庁自然公園指導員（一九九九年まで）	・大阪万博開催（三月〜九月） ・木材需要量自給率五〇％割る

■一九七一年（昭和四六年）‥〔四二歳〕	・大塔山系生物調査グループ（現和歌山県自然環境研究会）を結成して研究者を募り、大塔山系に残る照葉樹林の調査研究を開始するとともに森林地帯の保全運動を主催。調査は第一五回まで（一九七五年） ・大塔山系調査結果「大塔山系の自然　生物相調査記録Ⅰ～Ⅳ」発行し、その重要性を発表 ・田辺高校内に教材用照葉樹林づくりを企画〈田高の森〉	・東京で光化学スモッグ被害多発（七月） ・沖縄返還協定に調印（六月） ・環境庁発足（七月）
■一九七二年（昭和四七年）‥〔四三歳〕	・和歌山県自然保護監視員 ・ナンキウラナミアカシジミを発見。その生態調査と紀伊半島における食餌植物ウバメガシ林の分布調査を実施。一九九三年に新亜種として学会に記載される ・環境庁の植生図計画で県のリーダーに	・沖縄県復帰（五月） ・中華人民共和国と国交正常化（九月） ・列島改造ブーム（翌年末まで）

■一九七三年（昭和四八年）：〔四四歳〕

・国会で国有林乱伐問題が討議され、大塔山系自然林の保全が議題に。

・大塔山系生物調査グループは、日本生態学会、自然保護協会などの協力を得て、保全活動を活発化

・住宅着工数一九〇万五〇〇〇戸、史上最高記録

・中東戦争による、第一次オイルショック（高度経済成長終わる）（一〇月）

■一九七四年（昭和四九年）：〔四五歳〕

・四月一日、大塔山系生物調査グループは「和歌山県自然環境研究会」へ移行。保全活動を継続

・「天神崎の自然を大切にする会」において、毎月自然観察会を指導（一九八八年まで）。募金活動に参加

■一九七五年（昭和五〇年）：〔四六歳〕

・天神崎の自然を大切にする会の理事

・大橋正雄県知事の立ち会いのもと、両者（伐採すすめる本宮住民と調査グループ）の協議会の席上、「大杉谷・黒蔵谷の約半分にあたる約五〇〇ヘクタールを伐採し、残り

・不況深刻化、完全失業者一〇〇万人突破（二月）

・林野庁が「森林生物遺伝子資源保存林設定に関する基本計画」を発表。黒蔵谷国有林、大杉大小屋国有林の約五〇〇ヘクタールを候補地に選定

	を永久保存する」との知事調停で決着（一月）	
■一九七七年（昭和五二年）‥〔四八歳〕	・照葉樹林内におけるニホンカモシカの生態調査（代表）照葉樹林内の生息密度の研究および和歌山県下の生息個体数の調査を実施（一九八二年まで）	・松くい虫防除特別措置法公布（防除の薬剤空中散布など規定）（四月）
■一九七九年（昭和五四年）‥〔五〇歳〕	・南紀高校へ転任（四月）	・イランイスラム革命による、第二次オイルショック始まる（二月）
■一九八〇年（昭和五五年）‥〔五一歳〕	・このころライトトラップ用発電機初購入	・ラムサール条約、ワシントン条約を批准
■一九八一年（昭和五六年）‥〔五二歳〕	・「昭和五四、五五年度特別天然記念物ニホンカモシカに関する緊急調査報告書」完成（三月）	
■一九八二年（昭和五七年）‥〔五三歳〕	・和歌山県自然博物館協議会委員	

■一九八三年（昭和五八年）：〔五四歳〕

・天然記念物「田辺湾神島」第二回総合学術調査（代表）
・「神島の自然」顕著樹木調査（昭和五八年度予備調査、五九、六〇年度が本調査という三か年計画で実施）
・環境庁の全国植生調査が始まる。県の責任者として調査

・ナショナルトラスト第一回全国大会、田辺で開催（一〇月）

■一九八四年（昭和五九年）：〔五五歳〕

・〈田高の森〉全国学校緑化コンクールで表彰

■一九八五年（昭和六〇年）：〔五六歳〕

・スギ・ヒノキの拡大造林地から大発生する果樹害虫のカメムシ類の大発生について研究調査開始。近畿南部諸府県の研究機関および農協関連機関を指導して対策を協議。大被害を最小限化

・半島振興法成立（六月）
・日航ジャンボ機墜落事故（八月）

■一九八六年（昭和六一年）：〔五七歳〕

・海外採集開始（バリ島、マレーシア）

・バブル景気に突入
・ソ連でチェルノブイリ原子力発電所事故発生（四月）

■一九八七年（昭和六二年）：〔五八歳〕
・定年前に退職（四月）
・天神崎の自然を大切にする会の評議員
・「天神崎の自然を大切にする会」がナショナルトラスト法人第一号認定（一月）
・南方熊楠邸保存顕彰会発足（六月）

■一九八八年（昭和六三年）：〔五九歳〕
・田辺市文化財審議会委員長
・和歌山県教育功労賞（一九五三～一九八八）和歌山県下の中学校・高等学校理科教員三五年勤務
・青函トンネル開業（三月）
・瀬戸大橋開通（四月）
・ソウルオリンピック開幕（九月）

■一九八九年（平成元年）：〔六〇歳〕
・海外採集（台湾、オーストラリア）
・株価史上最高値三万八九一五円を記録（一二月）
・皇太子明仁親王即位、「平成」と改元（一月）

■一九九〇年（平成二年）：〔六一歳〕
・環境庁自然保護功労賞
・海外採集（ミャンマー、マレーシア）ミャンマーでハイジャックに
・消費税三％実施（四月）
・株価急落二万円割れ（一〇月）

■一九九一年（平成三年）：〔六一歳〕

遭遇

・記念物「田辺湾神島」のウ類糞害の生態学的調査（代表）。年一〇～一五回の現地調査（一九九三年まで）「田辺文化財三七号」に所収

・海外採集（マレーシア、ミャンマー）

・バブル崩壊

・湾岸戦争勃発、米軍主軸の多国籍軍がイラク軍に攻撃開始（一月）

・雲仙普賢岳で大規模火砕流が発生し、死者、行方不明四一人（六月）

・ソ連最高会議共和国会議がソ連消滅を宣言、「独立国家共同体」誕生（一二月）

■一九九二年（平成四年）：〔六二歳〕

・EU統合の基本を定めた欧州連合条約調印（二月）

・ボスニア紛争勃発（四月）

・PKO協力法成立（自衛隊海外派遣開始）（六月）

■一九九三年（平成五年）‥〔六四歳〕		・白神山地及び屋久島が世界自然遺産に登録（一二月）
■一九九四年（平成六年）‥〔六五歳〕	・南方熊楠邸保全顕彰会常任委員 ・カスミカメムシ科昆虫で一〇種の新種記載される	・松本サリン事件（六月） ・「関西国際空港」が開港（九月）
■一九九五年（平成七年）‥〔六六歳〕	・栗栖太一、九一歳で逝去 ・南方熊楠の標本整理ならびにその資料から熊楠昆虫標本複製。（南方熊楠研究一〜二）（二〇〇二年まで）	・阪神淡路大震災、死者六三〇八人（一月） ・地下鉄サリン事件（三月）
■一九九六年（平成八年）‥〔六七歳〕	・南紀生物同好会副会長	・林野庁が黒蔵谷・大杉大小屋国有林の約五〇〇ヘクタールを「黒蔵谷森林生物遺伝資源保存林」に決定。
■一九九七年（平成九年）‥〔六八歳〕	・グリーンパワー連載開始「南紀州南方熊楠の森から」（七月から一年半） ・田辺市秋津川地区に水辺のビオトープを企画完成	・消費税五％に引き上げ（四月） ・地球温暖化防止京都会議、ＣＯＰ３（一二月）

■一九九八年（平成一〇年）：
〔六九歳〕
・熊野の森ネットワークいちいがしの会発足（一二月一日）。初代代表に後藤就任。以後講演講座を積極的にこなす

■一九九九年（平成一一年）：
〔七〇歳〕
・田辺市文化賞受賞
・大塔山頂伐採される
・和歌山県公共事業再評価委員
・後藤夫妻、玉井、「ひき岩群ふるさと自然公園センター」へ自然観察指導員として着任（四月）
・欧州連合、単一通貨「ユーロ」誕生（一月）
・南紀熊野体験博、開催（四月～九月）

■二〇〇〇年（平成一二年）：
〔七一歳〕
・海外採集（ミャンマー）
・肺ガンで片肺摘出、退院（八月）

■二〇〇一年（平成一三年）：
〔七二歳〕
・『虫たちの熊野』（紀伊民報）出版
・環境省発足（一月六日）
・森林林業基本法施行（七月）林業基本法を抜本的に改正し施行。二一世紀における森林・林業に関する施策の基本指針を示した基本法
・アメリカで同時多発テロ事件発生

		（九月一一日）・アフガン空爆開始
■二〇〇二年（平成一四年）：〔七三歳〕	・環境大臣賞：自然環境功労者表彰（いちいがしの会）（四月） ・この年後半よりガン転移のため入退院を繰り返す	・ワールドカップ日韓大会始（一〇月七日） ・北朝鮮拉致被害者五人が帰国（一〇月）
■二〇〇三年（平成一五年）：	・自宅にて逝去（一月二七日） ・第一三回南方熊楠賞特別賞受賞（四月二六日）	・一九六〇年以降の拡大造林面積の累計は六二五万ヘクタールで、人工林の六割以上を占めるに至る
■二〇〇四年（平成一六年）		・「紀伊山地の霊場と参詣道」が世界遺産に登録（七月）
■二〇〇五年（平成一七年）		・地球温暖化防止のための京都議定書が発効（二月） ・ハリケーン「カトリーナ」が米国南部を直撃（八月）死者約一二〇〇人

■二〇〇六年（平成一八年）	・内閣総理大臣賞：緑化推進運動功労者表彰（いちいがしの会）（七月）	・京都議定書締結を閣議決定、同日国連本部に受託書を寄託（六月）
■二〇〇七年（平成一九年）		・アル・ゴア氏がＩＰＣＣと共にノーベル平和賞を受賞（一〇月）
■二〇〇八年（平成二〇年）		・京都議定書の第一約束期間に入る（二〇一二年まで）

後藤伸　著書（共著を含む）・報告書一覧

くまの文庫『大塔山系の自然』熊野中辺路刊行会、1971年
くまの文庫『森林と動植物』熊野中辺路刊行会、1975年
くまの文庫『みちばたの草と虫：上』熊野中辺路刊行会、1978年
くまの文庫『みちばたの草と虫：下』熊野中辺路刊行会、1980年
くまの文庫『渓流と動植物』熊野中辺路刊行会、1984年
くまの文庫「熊野中辺路の自然」『総集編　熊野中辺路～歴史と風土』所収、熊野中辺路刊行会、1991年
『天神崎の自然』牽牛書舎、1986年
『自然を捨てた日本人』東海大学出版会、1994年
『日本植生誌近畿』（和歌山県の植生の部他）至文堂、1984年
『日本の自然　原生林紀行』山と渓谷社、1993年
『虫たちの熊野』紀伊民報社、2000年
「森の熊野」〈別冊太陽　熊野〉所収、平凡社、2002年
「南方熊楠粘菌への道」〈文学～特集南方熊楠～〉所収、岩波書店、1997年
「南方熊楠の昆虫記」〈熊楠研究〉（第１号）所収、南方熊楠資料研究会、1999年
「熊楠標本からみた紀州熊野の森」（採集品昆虫植物から20世紀初頭の自然を考える）〈熊楠研究　第２号〉所収、南方熊楠資料研究会、2000年
「南紀州　南方熊楠の森から」〈グリーンパワー〉朝日新聞社森林文化協会、1997年７月号～1998年12月号まで連載
「神島」〈紀伊民報〉2002年９月～2003年８月まで連載

＊和歌山県自然環境研究会、南紀生物同好会、日本自然保護協会、和歌山昆虫研究会、環境庁、和歌山県教育委員会、田辺市教育委員会、古座川町教育委員会などの報告書を多数執筆ほか、各市町村誌も多く手がける（共著含む）。「白浜町誌別冊　白浜の自然」1982年、「田辺市史第10巻自然編」1991年、「大塔村史　自然編」2004年をはじめ、美里町、南部川村、すさみ町、古座川町などもある。後藤没後、遺稿を玉井らが発行へ。

10月８日　勉強会「西牟婁の河川環境～21世紀への自然の変遷」
10月12日　講演「身近な自然環境を守る」南部川村にて、教育委員会主催
11月20日　講演「身近な自然環境を守る」上富田町にて、教育委員会主催
11月21日　講演「熊野の森今昔物語～今、私たちにできること」南紀熊野21協議会主催
11月28日　講演「蘇れ熊野の森～本宮町の自然から：身近な自然を取り戻そう」南紀熊野21協議会主催

2001年

１月25日　シンポジウム《日本の自然を21世紀へ「国民参加の森林づくり」》朝日新聞社主催
１月27日　勉強会「照葉樹林の復元を目指した巻枯らしについて」
２月17日　講演「熊野の照葉樹林に住む虫たちと自然環境の変化」紀南県民局市町村環境協働連携会議主催
３月20日　講演「自然修復の世紀～20世紀は破壊の世紀だったから」『虫たちの熊野』出版祝賀会
４月19日　勉強会「東南アジアの熱帯雨林への招待」共同講師：吉田元重
５月31日　講演「カメムシ調査に関する講演会」和歌山市農業会館
６月２日　講演「南紀の森、川、海の昔と今」K３潮岬プロジェクト主催
７月14日　勉強会「望ましいビオトープと正しい自然観察のあり方」
８月11日　講演「虫たちからの告発」わかやま環境ネットワーク主催
12月８日　講演「熊野を今に伝える那智原始林～南方熊楠の資料から100年前の那智山を考える」南紀熊野21協議会主催

2002年

１月26日　勉強会「水源の森の再生を考える」共同講師：玉井済夫
５月25日　シンポジウム「時代が森に期待するもの」南紀熊野21協議会主催
７月19日　勉強会「スライドで見る熊野の森」共同講師：玉井済夫
７月27日　シンポジウム「熊野を語るつどい」『熊野―異界への旅』出版祝賀会
10月18日　講演「身近な自然から」日置川町教員研修

後藤伸　講演一覧

【講演】

1998年

4月25日　勉強会「いちいがしの森と宝石のような蝶」

7月19日　勉強会「南方熊楠と魚つき林」

8月27日　勉強会「田高の森～森の作り方」共同講師：玉井済夫

10月24日　勉強会「大塔の森と栗栖太一さん物語」

1999年

1月23日　勉強会「神島の自然史」市民総合センター

4月6日　講演「源流域の自然と水問題～特に富田川の水源と水質を考える」富田川水系をきれいにする会主催

4月10日　勉強会「オーストラリアの森で」

7月16日　紀伊民報記者研修「熊野の自然から」

7月17日　勉強会「ひき岩の自然」

8月5日　講演「紀伊半島の自然から」建設省近畿ダム協議会主催

8月20日　講演「紀伊半島における生物相の“特異性”について」日本蘚苔類学会主催

9月25日　勉強会「生物環境の復活を目指して～自然保護って、一体何？」共同講師：玉井済夫

11月27日　勉強会「社寺林の荒廃と保全を考える」

11月27日　勉強会「紀伊半島南部の昆虫を考える」

2000年

1月22日　講演「紀伊半島の自然から見た中辺路町」

3月11日　講演「南方熊楠と熊野の照葉樹林」

3月18日　講演「熊野の森の魅力～昆虫から見た熊野川下流域の自然」熊野環境会議主催

7月2日　講演「熊野の森に魅せられて」古座川自然愛好会主催

9月9日　勉強会「照葉樹林の蝶たち～普通種が稀少種になった昆虫類の代表的な例」

ギ・ヒノキの根が地表近くだけを這うからです。植林木の放任も、これを助長するでしょう。それは土石流となって、下流住民の生命を奪う惨事に直結します。

わたしたちは、人だけでなく、すべての生き物が関わりあえる本来の自然を取り戻すべき道を模索してきました。その道程の中で、「いちいがしの会」を発足させて、照葉樹林の復活を目的に〈木の実を集めて苗を育て樹を植えていく〉ことを実行に移しながら、その運動の輪を広げていくことが、もっとも重要かつ唯一の方法であるとの結論に達しました。

今日の森林破壊が、過去50年の結果であるとすれば、もとの自然を取り戻すためには、その５倍も10倍もの年月がかかるかもしれません。しかし、今、取り組まねば、自然の回復は、もはや夢に終わるでしょう。私たちと手を取り合って、多種多様な多くの樹々を育て、西南日本の自然の原点といえる〈熊野の森〉を復権させる人の輪を、少しずつでも広げていきませんか。21世紀以降に続く私たち子々孫々へのメッセージとして……。

1997年12月１日

熊野の森ネットワークいちがしの会

活動内容：照葉樹林の復元を目的に、熊野地方の自然に関する調査・研究・学習・保全（植樹を含む）・間伐（巻き枯らし）・啓発など広範囲な活動を行っています。

事務局　：〒646-1111　和歌山県西牟婁郡上富田町市ノ瀬1020　田中正彦
電話　　：0739-22-7731（昼）　0739-49-0410（夜）
Eメール：ichii@mb.aikis.or.jp

とり戻そう　豊かな熊野の森を

熊野の森ネットワークいちがしの会からのメッセージ

その昔、熊野の山々は深い森林につつまれていました。鹿が跳び、リスが走り、蝶が舞い、多くの蛍が輝き、季節を問わずにカビやキノコが生える……。豊かな自然でした。森はまた、大気からの恵みをたくわえ、谷や川の尽きることのない流れをつくり、そこに魚たちがひしめいていたのです。そして、森から流れ出る水は、限りない海の幸をはぐくんできました。人々は森の樹を伐って、家を建て、まきを貯えて燃料とし、鋤や鍬などの農具をつくり、舟と漁具をそろえて生計をたてました。清流は日々の暮らしに汲まれ、田畑を潤したのです。森の中には物語が息づき、夏の山道をたどる人々は緑陰に憩い、年中葉をつけた森の深い緑から、自然の大きさを感じとっていたに違いありません。

悠久の時の流れの中で、人と森とは、見事なハーモニーを奏でていたのです。そこには音・色・形・香などの織りなす高次元の芸術があり、自然を畏れ敬う宗教が生まれ、生きる根源を思索する哲学が芽生えました。これが熊野信仰の根源でもあったと考えられます。

生きることの源であったこの森が、時代を重ねて大きく変ぼうしてしまいました。ここ熊野の山々を覆っていた、イチイガシやタブノキに代表される照葉樹林〔常緑広葉樹林〕の森は、昭和30年代を境にして、スギ・ヒノキの植林に主役の座を奪われたのです。かつて紀伊半島の全域に溢れていた照葉樹林は、もはや点の存在となり、その面影さえ消滅寸前です。複雑で多様を誇った豊富な植生は、わずか20年ほどの間に単純な人工林に変わったのですから、山々に生活していた大きい獣や野鳥から小さな昆虫やくも類まで、すべての動植物は激減しました。それと同時に、〈豊富・清冽〉そのものだった河川は、旱天が続けば涸れ、大雨があれば洪水をもたらす〈荒れ川〉に変化しました。今後、急傾斜地や尾根部の植林地では、表土の崩壊が発生すると推察されます。ス

執筆者紹介

細田徹治（1951〜）

後藤からカモシカ調査を通じて熊野の森にすむ動植物の魅力を教わり、同時に多くの研究者と接する機会を得る。現在、高校で教鞭を執る傍ら、「イタチ科動物の類縁関係に関する分子遺伝学的研究」を続けている。博士（畜産学）。

堀修実（1957〜）

上富田町農業協同組合で営農指導員を行っていた1990年代前半、上司の（故）下畑和男（いちいがしの会前副会長）がカメムシ被害対策に後藤伸を推薦したことが縁で、以後10年近く後藤の指導のもとで毎年２回のカメムシの予察調査を行う。

伊藤ふくお（1947〜）

昆虫生態写真家。日本鱗翅学会・日本動物行動学会・紀伊半島野生動物研究会などに所属し、紀伊半島の昆虫の調査・研究を通して後藤と親交を結ぶ。奈良県在住。著書『モンシロチョウ』（集英社)、『どんぐりの図鑑』（トンボ出版)、共著『バッタ・コオロギ・キリギリス大図鑑』（北大出版会）など。

吉田元重（奥付参照）

出口晃平（1947〜）

大阪府出身。主に高度経済成長期の薬害問題を取材した元ルポライター。1991年に本宮町に移住。以後山林業に従事する。自給自足の生活を目指し夫婦で完全有機農法にも取り組む。いちいがしの会に所属。

鈴木昌（1940〜）

元東京教育大学理学部助手。化学・地学を中心に地域の自然環境問題に関わってきた元高校教員。後藤と共に長く大塔山系の自然調査・保護活動を行う一方、白良浜（白浜町）の砂の調査・研究を続けている。

写真・資料提供／編集協力（50音順）

有本智・家高靖久・伊藤ふくお・岩見賢・岩見真由美・植田泰子・圓光千鶴・太田真人・岡崎吉男・奥山圭治・小田敏幸・小田千恵・鎌谷米蔵・紀州備長炭発見館・楠本弘児・小板橋淳・後藤岳志・後藤みち子・後藤由紀・後藤維孝・小森茂之・白浜町役場日置川事務所地域振興課・斜里町役場・神保圭志・竹中清・竹中婦志子・田中正彦・田中家代子・谷口晃治・玉井済夫・簗山省仁・辻桂・辻田友紀・土山徹・出口晃平・出口紀子・西田千寿子・濱口梧陵記念館・広瀬桂・ふるさと自然公園センター・細谷昌子・松井永喜・丸山健一郎・水野泰邦・南方熊楠顕彰館・湊秋作・森山賢・矢倉甚兵衛・安永智秀・柳川ゆたか・山本佳範・弓場武夫・吉田元重

講演者紹介

後藤伸（ごとう・しん） 関連年表参照。

監修者紹介

吉田元重（1930～）

由良町生まれ。由良町在住。後藤伸の同郷で古くからの昆虫仲間。甲虫類を専門に、後藤と共に博物的な視野での生物調査研究を行い、紀伊半島各地や海外への採集旅行などに同行した。それ以外にも自然調査、自然保護活動、大塔山系伐採反対運動、天神崎、神島など、様々な活動で行動を共にした。元高校教員、由良町文化財審議委員長、和歌山県立自然博物館協議会会長、和歌山県自然保護調査会事務局長、元県立自然博物館友の会会長など。

玉井清夫（1938～）

新宮市生まれ。田辺市在住。東京教育大学理学部大学院修士課程（生物学専攻）修了後、大阪府および和歌山県で高校教員を務めながら両生類・は虫類の調査研究を続ける。後藤の長年にわたる同僚であり研究協力者。大塔山系をはじめ、神島・天神崎などの調査に参画。現在、いちいがしの会の副会長ほか、田辺市文化財審議委員、南紀生物同好会会長、和歌山県自然環境研究会会長、財団法人天神崎の自然を大切にする会や社団法人日本ナショナル・トラスト協会の理事を兼任。

カバー写真撮影者紹介

楠本弘児（1947～）

写真家。新宮市生まれ。新宮市在住。38年間熊野を撮り続け、自治体のパンフレットやナショナルジオグラフィックなどに掲載されている。『熊野―異界への旅』〈別冊太陽〉（平凡社）、『熊野―萬霊の山河』（講談社）など出版物に作品を多数掲載。現在は熊野の「森」をテーマに撮影活動を続けている。

明日なき森
— カメムシ先生が熊野で語る —　（検印廃止）

2008年10月10日　初版第1刷発行

編　者　熊野の森ネットワーク
いちいがしの会
発行者　武　市　一　幸

発行所　株式会社　新　評　論

〒169-0051　東京都新宿区西早稲田3-16-28
http://www.shinhyoron.co.jp
TEL　03（3202）7391
FAX　03（3202）5832
振替　00160-1-113487

印刷　フォレスト
装丁　山田英春
カット画　田中正彦
製本　桂川製本

落丁・乱丁はお取り替えします。
定価はカバーに表示してあります。

Printed in Japan
ISBN978-4-7948-0782-3

新 評 論　好 評 既 刊

細谷昌子

熊野古道

みちくさひとりある記

定家を道案内に，時空を超えて訪ねる「日本の原郷」熊野の昔・今。

[A5並製　366頁　3360円　ISBN4-7948-0610-8]

湯浅赳男

文明の中の水

人類最大の資源をめぐる一万年史

「水」をめぐる全世界的データを鮮やかに開示する必読の比較文明論。

[四六上製　372頁　3465円　ISBN4-7948-0638-8]

ベルンハルト・ケーゲル／小山千早 訳

放浪するアリ

生物学的侵入をとく

世界各地の生態系異変をわかりやすく解説，「種の絶滅」の実態に迫る。

[四六上製　376頁　3990円　ISBN4-7948-0527-6]

B.ルンドベリィ＆K.アブラム=ニルソン／川上邦夫 訳

視点をかえて

自然・人間・全体

すべての生命にとって「自然」が持つ意味を斬新な視点で捉え直す。

[A5並製　224頁　2310円　ISBN4-7948-0419-9]

S.ジェームズ＆T.ラーティ／高見幸子 監訳・編著／伊波美智子 解説

スウェーデンの持続可能なまちづくり

ナチュラル・ステップが導くコミュニティ改革

サステイナブルな地域社会づくりに取り組むための最良の実例集。

[A5並製　284頁　2625円　ISBN4-7948-0710-4]

岡部　翠 編

幼児のための環境教育

スウェーデンからの贈りもの「森のムッレ教室」

環境先進国発・自然教室の実践のノウハウと日本での取り組みを詳説。

[四六並製　284頁　2100円　ISBN978-4-7948-0735-9]

＊表示価格はすべて消費税込みの定価です。